国防科技图书出版基金

基于支持向量机的飞机故障诊断技术

Fault Diagnosis of Aircraft Based on Support Vector Machine

郎荣玲　潘　磊　吕永乐　路　辉　编著

国防工业出版社

·北京·

图书在版编目(CIP)数据

基于支持向量机的飞机故障诊断技术／郎荣玲等编
著. —北京:国防工业出版社,2016.5
ISBN 978 – 7 – 118 – 10627 – 5

Ⅰ.①基... Ⅱ.①郎... Ⅲ.①飞机 – 故障诊断 Ⅳ.
①V267

中国版本图书馆 CIP 数据核字(2016)第 048717 号

※

国防工业出版社出版发行
(北京市海淀区紫竹院南路 23 号　邮政编码 100048)
北京嘉恒彩色印刷有限责任公司
新华书店经售
*
开本 880×1230　1/32　印张 6½　字数 180 千字
2016 年 5 月第 1 版第 1 次印刷　印数 1—2500 册　定价 79.00 元

(本书如有印装错误,我社负责调换)

国防书店:(010)88540777　　发行邮购:(010)88540776
发行传真:(010)88540755　　发行业务:(010)88540717

致 读 者

本书由国防科技图书出版基金资助出版。

国防科技图书出版工作是国防科技事业的一个重要方面。优秀的国防科技图书既是国防科技成果的一部分,又是国防科技水平的重要标志。为了促进国防科技和武器装备建设事业的发展,加强社会主义物质文明和精神文明建设,培养优秀科技人才,确保国防科技优秀图书的出版,原国防科工委于1988年初决定每年拨出专款,设立国防科技图书出版基金,成立评审委员会,扶持、审定出版国防科技优秀图书。

国防科技图书出版基金资助的对象是:

1. 在国防科学技术领域中,学术水平高,内容有创见,在学科上居领先地位的基础科学理论图书;在工程技术理论方面有突破的应用科学专著。

2. 学术思想新颖,内容具体、实用,对国防科技和武器装备发展具有较大推动作用的专著;密切结合国防现代化和武器装备现代化需要的高新技术内容的专著。

3. 有重要发展前景和有重大开拓使用价值,密切结合国防现代化和武器装备现代化需要的新工艺、新材料内容的专著。

4. 填补目前我国科技领域空白并具有军事应用前景的薄弱学科和边缘学科的科技图书。

国防科技图书出版基金评审委员会在总装备部的领导下开展工作,负责掌握出版基金的使用方向,评审受理的图书选题,决定资助的图书选题和资助金额,以及决定中断或取消资助等。经评审给予资助的图书,由总装备部国防工业出版社列选出版。

国防科技事业已经取得了举世瞩目的成就。国防科技图书承担着记载和弘扬这些成就，积累和传播科技知识的使命。在改革开放的新形势下，原国防科工委率先设立出版基金，扶持出版科技图书，这是一项具有深远意义的创举。此举势必促使国防科技图书的出版随着国防科技事业的发展更加兴旺。

设立出版基金是一件新生事物，是对出版工作的一项改革。因而，评审工作需要不断地摸索、认真地总结和及时地改进，这样，才能使有限的基金发挥出巨大的效能。评审工作更需要国防科技和武器装备建设战线广大科技工作者、专家、教授，以及社会各界朋友的热情支持。

让我们携起手来，为祖国昌盛、科技腾飞、出版繁荣而共同奋斗！

国防科技图书出版基金
评审委员会

前言

　　一方面,飞机是一个复杂的系统,系统的运行过程中会呈现明显的非线性、时变性和不确定性,因此系统的故障存在模糊性、传播性、放射性和相关性等特征,难以精确建模,给基于模型的故障诊断方法带来了挑战。另一方面,飞机在飞行过程中以及维修时产生了大量数据,这些数据中蕴含了飞机的运行机理和状态的信息。如何对这些数据进行科学的分析,为机载设备性能监控、视情维护维修等提供决策依据,对于提高飞机的安全性、可靠性具有重要的意义。利用飞行数据对飞机故障进行诊断的本质就是对飞机性能参数进行分类和预测,而支持向量机在分类和数据的预测领域已经表现出良好的性能。

　　目前支持向量机的理论研究和实际应用方面都处于蓬勃发展的阶段,作者几年来就支持向量机原理、支持向量机在故障诊断领域的应用、飞机的故障诊断技术等方面做了一些科研工作。本书便是这些工作的基本总结对本书内容提供支撑的研究项目包括"十一五"和"十二五"期间的条件保障项目、预研项目以及"863"项目和自然科学基金项目。理论研究成果已经发表在《电子学报》《航空学报》《北航学报》等学术期刊上,经进一步凝练构成本书的主要内容。本书对支持向量机的理论基础、模型求解、参数确定等问题进行了系统的论述,同时介绍了其在数据驱动的飞机故障诊断领域的应用,并且详细介绍了如何构建一个飞行数据驱动的故障诊断系统。

　　希望本书能促进支持向量机理论在飞机故障诊断领域的成功应用,推动我国飞机故障诊断领域的发展。

　　本书共分9章。第1章介绍了飞机的故障预测与健康管理技术的基本知识,并系统介绍了飞机故障诊断与故障预报以及支持向量机技术的发展现状。第2章介绍了支持向量机的基本理论。第3章、第4

章分别系统地介绍了支持向量分类机和支持向量回归机模型的训练、参数的选取等技术。第 5 章阐述了利用支持向量机处理飞行数据预测中的不确定性处理问题,将支持向量机模型进行了扩展,考虑了训练数据的摄动问题。第 6 章介绍了飞机的状态监控系统。第 7 章系统介绍了飞行参数的预处理技术。第 8 章以航空电子系统和航空发动机为例,系统介绍了支持向量机在飞机故障诊断领域的应用。第 9 章系统介绍了如何构建一个数据驱动的飞机故障诊断系统。

本书得以出版,我们要感谢中国国防科技图书出版基金的资助。我们还要感谢北京航空航天大学的邓小乐硕士、张景新硕士、梁家城硕士等对本书的编写给予的支持和帮助。

由于作者水平所限,书中难免有不妥之处,欢迎读者批评指正。

编著者

2015 年 11 月 20 日

目录

Contents

第1章

绪　论

1.1　基于支持向量机的飞机故障诊断方法的意义

21世纪,随着高科技的不断注入,现代飞机的高集成化、高智能化以及分析处理问题的高效化日益增强,随之而来的飞机的安全性、可靠性、经济性和维修保障等问题日益突出,但是传统的定期维修方式不但耗费资源,而且效率低、经济性差,因此迫切需要探索一种以"可靠性"为中心,兼顾"预防为主"和"战备完好性"的科学维修保障体制。20世纪90年代,美国针对军用飞机提出了故障预测与健康管理(Prognostics and Health Management, PHM)的概念,并迅速引入民用领域。PHM是综合利用现代信息技术、人工智能技术的最新研究成果而提出的一种全新的健康管理技术,具备故障诊断、故障预测、健康管理和部件寿命追踪等能力,改变了传统的事后状态检查和故障诊断的做法。故障诊断与故障预测作为PHM的核心技术,得到了前所未有的关注。

故障诊断和预测以航空装备当前的使用状态为起点,结合已知的结构特性、功能参数、工作条件及运行历史数据(包括各部件状态监测记录,曾发生过的故障及修复记录),利用算法对历史数据进行预测分析,以判断未来一段时间内设备运行是否会出现故障,如果经过判断有可能出现故障,则发出故障警报,以便及时对故障进行诊断,确定可能发生的故障模式,并给出合理的预防和维修策略,避免故障扩大和传播。

飞机的安全性关系着人的生命,因此不可能让其带着故障运行,而且有些故障的发生往往带有突然性,一般不可重复。一方面,由于目前飞机的故障案例比较少,也就是样本比较少,同时样本所能覆盖的故障模式也比较少,所以对于飞机的故障诊断,面临的主要是小样本问题。另一方面,由于飞机是一个复杂的系统,从飞机上采集的飞行数据往往存在非线性,甚至混沌等特性。所以寻找一个既能解决小样本问题,又能有效处理非线性系统的故障诊断和预测方法是飞机PHM技术的关键。

基于统计学习理论的支持向量机(Support Vector Machine, SVM)方法是专门针对有限样本情况的,其目标是得到现有信息下的最优解,而不仅仅是样本数趋于无穷大时的最优值;算法最终将转化成为一个二次型寻优问题,从理论上说,得到的将是全局最优解,解决了在神经网络方法中无法避免的局部极值问题;算法将实际问题通过非线性变换转换到高维的特征空间(Feature Space),在高维特征空间中构造线性判别函数来实现原始空间中的非线性判别函数,特殊性质的核函数能保证机器有较好的推广能力,同时也巧妙地解决了高维问题,而其算法的复杂度与样本维数无太大相关;由于其优化目标是结构风险最小化,同时考虑了经验风险和置信范围的最小化,因而SVM具有非常好的推广能力。SVM的这些特点正好可以解决飞机故障诊断和预测的小样本及数据的非线性等问题,基于SVM的故障诊断和预测技术已成为近年来热门的研究领域。

1.2　PHM技术应用现状

1.2.1　PHM的功能及结构

PHM技术代表了一种方法的转变,即从传统的基于传感器的诊断转向基于智能系统的预测,反应式的通信转向先导式的3R(在准确的时间对准确的部位采取准确的维修活动)。这一技术的实现将使原来由事件主宰的维修(即事后维修)或时间相关的维修(定期维修)被基于状态的维修(视情维修)所取代。

PHM贯穿于设备设计、制造、使用和维修的整个过程,其出发点则是在初始设计阶段,就考虑到设备潜在的故障模式和区域,针对性地进行参数监测和故障预测、管理。PHM还可以用于指导设备再设计。

2

PHM 系统具体包含下列主要功能:故障检测能力、故障隔离能力、故障预测能力、残余使用寿命预测能力、各种跟踪能力、故障选择性报告能力、辅助决策和资源管理能力、容错能力、信息融合和推理能力以及信息管理能力。

在航空航天、国防军事以及工业各领域中应用的不同类型的 PHM 系统,其体现的基本思想是类似的,区别主要表现在不同领域其具体应用的技术和方法的不同。一般而言,PHM 系统主要由 6 个部分构成。

(1)数据采集:利用各种传感器探测、采集被检系统的相关参数信息,并将收集到的数据进行有效信息转换以及信息传输等。

(2)信息归纳处理:接收来自传感器以及其他数据处理模块的信号和数据信息,将数据信息处理成后续部件可以处理的有效形式或格式。该部分输出结果包括经过滤波、压缩简化后的传感器数据,频谱数据以及其他特征数据等。

(3)状态监测:接受来自传感器、数据处理以及其他状态监测模块的数据,其功能主要是将这些数据同预定的失效判据等进行比较来监测系统当前的状态,并且可根据预定的各种参数指标极限值/阈值提供故障报警能力。

(4)健康评估:接受来自不同状态监测模块以及其他健康评估模块的数据。其主要用来评估被监测系统(也可以是分系统、部件等)的健康状态(如是否有参数退化现象等),可以产生故障诊断记录并确定故障发生的可能性。故障诊断应基于各种健康状态历史数据、工作状态以及维修历史数据等。

(5)故障预测决策:故障预测能力是 PHM 系统的显著特征之一。该部件由两部分组成,可综合利用前述各部分的数据信息,评估和预测被监测系统未来的健康状态,并做出判断、建议、决策采取相应的措施。维修人员可以在被监测系统发生故障之前采取维修措施,该部分实现了 PHM 系统管理的能力。

(6)保障决策:主要包括人–机接口和机–机接口。人–机接口包括状态监测模块的警告信息显示以及健康评估、预测和决策支持模块的数据信息的表示等;机–机接口使得上述各模块之间以及 PHM 系统同其他系统之间的数据信息可以进行传递交换。需要指出的是,上述体系结构中的各部件之间并没有明显界限,存在着数据信息的交叉反馈。

PHM 的关键技术包括以下内容:

(1)结构设计:大多数故障诊断与故障预测工具都具有领域相关的特点,采用开放式的体系结构(Open System Architecture,OSA),方便各种故障诊断与预测方法的不断完善,实现即插即用,成为了在系统级实现 PHM 的一项关键技术。

(2)传感器:主要研究如何提高传感器数据采集的精度,可靠性延长传感器的使用寿命,降低传感器的造价以及无线传感器网络的网络拓扑和数据传输。

(3)预测技术:不断研究和改进预测方法,提高预测置信度。目前使用的预测方法有基于经验的预测、渐近式预测、基于特征扩展的智能预测、状态评估预测等。

(4)信息融合技术:信息融合是指在几个层次上完成对多源信息的处理过程,其中每一层次都表示不同级别的信息抽象,包括检测、互联、相关、估计以及信息组合。

在 PHM 中有 3 个层次的融合:

① 数据融合:用于融合来自传感器阵列的数据,确认传感器信号的合理性并抽取特征。

② 特征融合:对数据融合得到的特征进行智能综合,以获得最可信的诊断信息。

③ 信息融合:综合经验信息(如以往的失效率或物理模型)和信号信息,提高预测精度。

(5)人工智能技术:PHM 中广泛采用了人工智能技术,包括专家系统(基于模型的推理、基于案例的推理、基于规则的推理)、神经网络、模糊逻辑和遗传算法。

(6)数据仓库和数据挖掘技术:数据仓库完成海量信息的存储,有用信息的分类和提取,为应用提供决策支持。数据挖掘则是从数据中自动地抽取模式、关联、变化、异常和有意义的结构。

(7)决策支持技术:在 PHM 技术中,决策支持技术需要解决以下几个方面的问题:

① 任务的形式化描述。

② 确定决策模型。

③ 选择决策模式。

④ 根据健康任务,确定决策类型。

⑤ 定义一种度量机制,确定不同决策的优先级。

⑥ 决策调度。

(8) 飞机的可测性设计技术:PHM 贯穿于飞机的设计、生产等整个过程。如何以最小的代价实现飞机状态的完全可监控、可预测是实现 PHM 的前提。

(9) 故障诊断与预测的性能评价及验证:由于飞机的安全性要求,不可能通过试飞的方法验证故障诊断和故障预测的性能。目前对于 PHM 技术的不确定性定量评价与验证,采取的主要手段是通过收集历史数据和故障仿真的方式产生数据,建立相应领域的试验台,来对相应领域的各种故障诊断与预测方法进行验证与评价。

1.2.2　国外 PHM 技术的应用现状

F-35 自主式保障系统采用的 PHM 系统目前正在研制和完善过程中,代表了美军目前视情维修技术(Condition Based Maintenance, CBM)所能达到的最高水平,并用于 2008 年以后的第 2 批次飞机中[1,2]。PHM 相关技术已在军事和民用领域得到广泛应用,并取得了显著的成效。

目前,美国、英国、加拿大、荷兰、新加坡、南非和以色列等国已将 PHM 技术应用到直升机上,出现了称作"健康与使用监控系统"(Health and Usage Monitoring System, HUMS)的集成应用平台[3]。其中美国国防部新一代 HUMS - JAHUMS 具有全面的 PHM 能力和开放、灵活的系统结构。据美国《今日防务》2006 年 4 月 21 日报道,安装了 HUMS 的美国陆军直升机任务完备率提高了 10%,陆军已向装备了 HUMS 的飞机颁发了适航证和维修许可证。此外,美国陆军已批准在全部 750 架"阿帕奇"直升机上安装 HUMS。据 2010 年统计,UH - 60 在装备了古德里奇的 HUMS、"阿帕奇"AH - 60 和"支奴干"OH - 58D 在装备了霍尼韦尔公司的 HUMS 后,节省了近 1.51 亿美元的维修费用。英国国防部也与史密斯航宇公司达成协议,为 70 架未来"山猫"

直升机开发一种状态与使用监测系统和机舱声音与飞行数据记录仪（HUMS/CVFDR）组合系统，2011 年前交付使用[4]。2010 年初，古德里奇公司推出了一种成本低质量小（约 11kg）的适合中型双发直升机的 HUMS。

HUMS 不但应用于直升机上，在"阵风""鹰"等战斗机和 C - 130 "大力神"运输机等固定翼飞机上也已经开始应用。但由于昂贵的成本等原因，HUMS 在小型直升机和许多现役军用直升机上的应用受到了一定限制。为了使小型直升机用户也能采用 HUMS 技术，欧洲直升机公司设计了三种 HUMS，功能类型分别为简约版健康与使用监控系统（MINIHUMS），综合版健康与使用监控系统（INT. HUMS）和全功能版健康与使用监控系统（FULL HUMS）。英国 Teledyne 电子技术公司开发的飞机综合监控系统（T' AIMS）是对升级版健康与使用监控系统（AHUMS）的扩展，是专门为小型和中型直升机设计的。

美国各军种研究开发的与 HUMS 和 PHM 类似的技术还有：海军与使用监控系统的综合状态评估系统（Integrated Condition Assessment System，ICAS）、陆军的诊断改进计划（Army Diagnosis Improvement Plan，ADIP），B - 2 轰炸机、"全球鹰"无人机和美国国家航空航天局（NASA）第 2 代可重复使用运载器的飞行器综合健康管理（Integrated Vehicle Health Management，IVHM）系统等。

除了在军事领域的成功应用外，PHM 技术还在航空航天、民用飞机、汽车、核电站和大型水坝等民用领域获得了广泛应用[5]，成为名副其实的军民两用技术。波音公司已将 PHM 技术应用到民用航空领域，称为"飞机健康管理（Aircraft Health Management，AHM）系统"，已在法国航空公司、美利坚航空公司、日本航空公司和新加坡航空公司的 B777，B747 - 400，A320，A330 和 A340 等飞机上得到大量应用，提高了飞行安全和航班运营效率。2006 年，这套系统的应用进一步扩大，应用于国泰航空公司、阿联酋航空公司和新西兰航空公司。2009 年 12 月 8 日，中国国防航空公司 B747 - 400 机队开始正式运用波音飞机健康管理系统，B747 - 400 机队目前日平均飞行小时达到了 14 ~ 15 飞行小时。借助波音飞机健康管理系统，中国国防航空公司 B747 - 400 机队有效地降低了飞机停场时间并使许多原本应是非计划的停场变成了

6

计划停场,有效提高了飞机利用率;对生产组织、人员安排也起到了积极作用。据波音的初步估计,通过使用 AHM 可使航空公司节省约 25% 的因航班延误及取消而导致的费用。此外,AHM 通过帮助航空公司识别重复出现的故障和发展趋势,支持机队长期可靠性计划的实现。

美国航空无线电通信公司与 NASA 兰德研究中心合作,研制了与 PHM 类似的"飞机状态分析与管理系统"(Aircraf + t Condition Analysis and Management System, ACAMS),其功能在 NASA 的 B757 飞机上成功地进行了飞行试验演示验证,该套系统已申请了美国专利。NASA 正在考虑采用 Qualtech 系统公司开发的综合系统健康管理方案对航天飞机进行健康监控、诊断推理和最优查故,以求降低危及航天任务安全的系统故障。

随着现代数字技术、微电子技术的迅速发展,现代武器装备中大量采用了复杂的先进电子设备,这同时给测试、维修和保障工作带来了严重问题和负担。特别是各种微型电路的应用,使电子设备的故障监测和预测成为影响战备完好性、使用和保障费用的重要因素,引起了美国、英国等国军方的普遍关注。由于电子产品本身故障的特点,电子产品的 PHM 问题尤为困难。例如,由于电子产品中的缺陷可能是微米甚至纳米尺寸级的,电子产品中的故障相对更难于检测。而且由于电子失效机理繁多,单一器件失效率较低,电子产品的 PHM 优势不如机械系统的 PHM 优势明显。

目前国外在对电子产品进行 PHM 的应用和研究方面主要取得了以下成果:波音公司的 AHM,JSF 以及 IVHM 等系统中都不同程度地采用监测那些能够反映电子产品故障或健康状态的性能(特征)参数(如电流、电压和电阻等)来监测电子产品的健康状态;美国马里兰大学高级生命周期中心(The Center for Advanced Life Cycle Engineering, CALCE)中心以故障物理方法为基础,对电子产品的 PHM 技术进行了大量深入研究工作,并得到了初步应用和验证,该方法是指在已知电子产品故障物理(Physics of Failure,PoF)模型的基础上,通过监测产品的使用环境条件(如温度、振动等参数信息),进而根据损伤累积模型预测产品的剩余寿命来监测电子产品的健康状态;美国的 Ridgetop 公司还提出了在电子产品内部内置"故障标尺"的方法,来预测实际被监测产品的剩余寿命。

　　继 2010 年澳门 PHM 国际会议及 2011 年深圳 PHM 国际会议成功举办之后,由北京航空航天大学、美国马里兰大学 CALCE 研究中心、香港城市大学 PHM 中心、中国故障预测与健康管理学会及美国 IEEE 可靠性学会等主办的第三届故障预测与健康管理技术国际会议(PHM – 2012)于 2012 年 5 月在北京召开。2012 年 PHM 会议进一步促进了 PHM 在亚太地区的推广和应用,这次会议汇集了全球来自于工业、科研学术机构以及政府部门的 PHM 专家学者等,在如航空航天、国防、海洋生态系统、电力与电子系统、计算机与通信、材料系统、工业自动化及医疗保健和医疗技术等领域,共同分享 PHM 的发展和研究经验,尤其是正在探索的 PHM 领域里新的理论、技术和应用。2013 年 PHM 国际会议在意大利米兰理工大学成功召开,本届会议由意大利米兰理工大学主办,IEEE 国际可靠性学会(IEEE Reliability Society)、欧洲安全性与可靠性协会(ESRA)、美国马里兰大学 CALCE 中心、香港城市大学预测与系统健康管理研究中心等 PHM 领域权威学术组织和研究机构作为协办和支持单位。大会邀请了 M. Pecht 首席教授、J. Lee 首席教授等 PHM 领域权威学者做大会特邀报告。会议共设置了 40 个分会场,主题涵盖“失效物理和可靠性预测”“可靠性预测”“状态监测和预测性维修”“基于数据驱动的 PHM”“剩余寿命评估和维修决策”“设计和集成 PHM 系统”等,报告内容既涉及前沿的学术研究成果和学科发展动向,又有来源于核工业、航空航天、铁路交通系统、航海运输装备、可持续能源系统、电子产品等工业界的案例,吸引了来自 20 余个国家和地区的 200 余名学者与工业界代表与会。

1.2.3　国内 PHM 技术的应用现状

　　从 20 世纪 50 年代起,中国就与世界其他发达国家一起涉足了 PHM 这一新兴领域。但是由于工业基础薄弱等问题,PHM 技术一直发展缓慢。自 20 世纪 80 年代以来,我国政府大力发展状态监测、故障预测及可靠性维修等 PHM 相关技术的研究,并将其列入国家“863”发展计划。由北京航空航天大学、清华大学、上海交通大学、西北工业大学和哈尔滨工业大学等国家重点大学及相关科研院所承担科研项目开展研究工作。

我国 PHM 方面的早期应用主要是在民航系统,主要应用了飞机或发动机的性能状态监控软件系统,但与硬件系统贯穿在一起的整套解决方案的可应用成果较少。国内军方也在各个领域对 PHM 技术进行了理论探索和深入研究[6,7]。其中:空军工程大学的张亮等针对我军新一代作战飞机的技术特点及其维修保障需求,对机载 PHM 系统体系结构的各种方案进行了对比分析,提出了一种由模块/单元层 PHM、子系统级 PHM、区域级 PHM 和平台级 PHM 等四层集成的层次化体系结构;海军航空工程学院的何献武等对 PHM 技术应用于反舰导弹维修保障中的有效性和可行性进行了研究,并设计了反舰导弹武器系统 PHM 系统结构及反舰导弹维修保障中的传感器网络结构;空军雷达学院的王晗中等为克服传统维修保障方式的缺陷并适应现代雷达装备维修保障的发展需求,构建了基于 PHM 的雷达装备维修保障系统;解放军炮兵学院的彭乐林等根据无人机系统故障特点建立了系统设备拓扑结构,并构建了无人机 PHM 系统逻辑体系结构。

北京标航腾飞测控技术有限公司是一家专门从事传感器及自动化控制设备研发、设计、生产、销售的科研单位。此公司的 HUMS 是在测试方面做得比较大的系统,它是针对直升机在使用完好性整个过程方面做的测试系统,包括传动系统、温度系统、振动系统等整个多参数的测试,最终的目的是要装机以测试直升机在飞行过程中的完好性。此外它做 HUMS 时还推出其相应的系列产品,如直升机的旋翼测量——主要用在直升机在载荷情况下的测试。这是因为直升机在载荷情况下飞行,在空中成一个锥体,飞机在平时不飞时螺旋桨是下坠的,一旦飞行起来在空中旋转时成锥体,飞机在飞行中其重量靠螺旋桨将其提升,所以形成的锥体的测量称为旋翼锥体的动平衡测量。在飞行中,要使桨翼在同一平面,如果有高有低飞机就会出危险,所以说对旋翼加载的测量是非常重要的。在做旋翼测试系统中有一个关键的传感器——光电轨迹传感器,基本上现在在地面上已经开始应用,如海军、陆军。还有其他发动机参数测试系统、视频系统、时耗系统以及其他的传感器等。

2009 年 8 月,北京航天测控技术公司[8]发布了装备健康状态管理平台,该平台突破了多方法融合的健康状态评估模型、基于随机规划的冗余优化的剩余寿命预测等关键技术,实现了数据处理、状态检测、健康评估、预测评估、建议生成等功能,具有健康状态评估智能程度高、体系结构开放、状态评估结果可视化等特点,可应用于导弹、飞机、航天器各系统和部件的寿命预测、状态综合分析、健康状态评估等。

由北京航空航天大学、清华大学、上海交通大学、西北工业大学和哈尔滨工业大学等国家重点大学及相关科研院所承担科研项目开展研究工作。其中北京航空航天大学可靠性工程研究所[9]较早地开展了PHM系统方法和技术应用方面的相关研究,在飞行器(飞机、无人机、航天器)领域开展相关算法、智能模型和管理调度等方向的探索性研究,以神经网络及其混合模型、时间序列分析等的应用案例居多,由于各类方法各有其优点及局限性,各种案例研究正在不断尝试、扩展和深入。

隶属北京航空航天大学可靠性工程研究所的失效分析和可靠性物理实验室(Failure Analysis and Physics Research Laboratory)主要从事电子及机电产品的失效分析、失效物理、可靠性理论、可靠性实验与评价、健康监控和故障预测以及质量和可靠性保证等方面的工程及理论方法与技术的研究,2010年8月,该实验室发布了一个基于失效物理的"三位一体"的电子产品可靠性综合评价软件系统 RelSIM™,此系统搭载了PHM产品和寿命损耗计算功能等功能模块。

2010年8月,PHM技术国际研讨会讨论了中国PHM技术发展现状及需求,并就基于失效物理模型、基于神经网络、基于SVM和基于融合方法等PHM技术做了深入探讨。目前我国的研究者也已经关注到将PHM技术应用于民用飞机领域,并且取得了一些理论研究以及初步产品化成果[10,11]。

虽然国内外各种PHM系统已逐步开始得到应用,但还远没有达到工程实用化的程度。例如:目前PHM系统还仅是在部分关键的系统和部件中应用,系统集成应用能力很弱;大部分系统的故障预测与健康管理脱节,没有充分发挥PHM系统的优势。对大多数系统尤其是电子产品的故障机理了解还不深入,有些还仅仅是故障的检测,还不具备故障预测的能力。如何正确有效地评估系统的健康状态,并做出优化的维修决策等都需要大量的研究工作。

1.2.4 PHM 目前存在的问题

故障预测与健康管理技术经过将近 30 年的发展,在机械系统、网络软件监控电力系统、卫星系统、航空系统等领域得到了长足的发展,开发出很多实用的 PHM 平台,取得了可观的经济效益和社会效益。但是随着系统的复杂化程度越来越高,发生故障的概率以及由此带来的损失也越来越大。现有的 PHM 技术常常只是针对某个特定的系统而言是有效的,但不具有普适性,同时由于受到传统故障诊断技术的影响,现有的 PHM 技术本身也存在诸多局限。主要表现在以下几个方面。

1)现有 PHM 技术中对系统的健康管理研究极少

纵观上述国内外设计的各类 PHM 系统,其核心技术主要指故障检测、故障诊断与故障预测。PHM 着重于视情维修,关键在于故障的预防,也就是说在该系统的设计中应当突出的功能是电子系统故障的尽早发现,即状态监测和健康管理。目前多数文献着重状态监测,但如何准确估计系统的健康状况却极少提及。

2)目前 PHM 技术中的故障诊断率不高

视情维修的目的就是要在系统尚未完全故障之前就能监测和诊断故障,以避免造成不可挽回的损失。这意味着此时监测出的故障还属于早期故障,它还不足以使系统完全停机。由于系统本身的复杂性,使人们难以了解系统的内部故障机理,导致无法建立其准确的故障树;再加上早期故障特征表现不明显,测点有限或不可及的情况下使得获取的信息常常是不完备的,这使得复杂电子系统的早期故障诊断更加困难,而目前常用诊断方法大多表现出较低的故障诊断率。

3)现有预测技术具有较大的不确定性

不确定性是故障预测的固有属性,它主要来源于两方面:一方面是对象故障机理本身就是一个随机过程;另一方面是预测过程本身产生的误差。各类预测模型的预测能力需要依赖经验知识库的数量和质量,一旦完成,其功能难以扩充或修改。

4)缺乏客观性

由于系统在运行的过程中存在了"人为"的因素,而且故障现象、部位和原因之间的关系非常复杂,导致得到的故障状态信息不能充分反映系统本身的运行情况;并且,庞大的信息量本身如何准确融合成为故障预测研究中的一个瓶颈。

5)故障诊断和预测算法的评估研究较少

由于 PHM 技术应用的广泛性,各种不同的应用所采用的故障诊断和预测算法存在很大的区别,如何设计一套公平有效的算法评价标准是一个研究的热点。

1.3　故障诊断与故障预报技术研究现状

PHM 系统首先要能实时掌握机载设备工作状态,最大程度地利用现有故障特征检测和诊断技术,综合先进的软件建模技术实现低虚警率及精确的故障诊断和预测。通过对历史数据的分析和处理,产生并不断修正机载设备健康状态评估结果。故障诊断和故障预报技术是发展 PHM 的关键,下面主要介绍故障诊断和故障预报技术的研究现状。

1.3.1　故障诊断技术

故障诊断技术发展至今,提出了大量的诊断方法。德国的 P. M. Frank 教授认为:所有的故障诊断方法可以划分为三种,分别为基于信号处理的方法、基于解析模型的方法和基于知识的方法。

1)基于信号处理的方法

基于信号处理的方法通常是利用信号模型,如相关函数、频谱、自回归滑动平均、小波变换等,直接分析可测信号,提取诸如方差、幅值、频率等特征值,从而检测出故障。

文献[12]通过小波分解信号,利用各频率成分的变化,选择合适的能量特征向量对各故障目标进行特征提取,建立能量变化到各故障原因和类别的映射关系,得到表征各故障原因的特征向量,与对应故障特征向量的标准样本进行比较从而进行故障诊断,并将其应用于飞机电力作动系统的故障诊断。

2)基于解析模型的方法

基于解析模型的方法是利用观测器或滤波器对控制系统的状态和参数进行重构,并构成残差序列,然后采用一些措施来增强残差序列中包含的故障信息,抑止模型误差和扰动等非故障信息,最后通过对残差序列的统计分析来检测出故障的发生并进行故障的识别。此方法的前提是被检测过程的数学模型必须可利用,并且足够准确。它是在明了诊断对象数学模型的基础上,按照一定的数学方法对被测信息进行处理诊断,可以分为状态估计法、等价空间法和参数估计法,目前这种方法得到了深入的研究。但在实际情况中常常难以获得对象的准确数学模型,这就大大限制了基于解析模型诊断方法的使用范围和效果。

文献[13]提出了一种基于线性参数变化自适应观测器的自适应故障估计算法来估计故障信息,应用于直升机线性参数变化飞控系统执行器的故障诊断。

3) 基于知识的方法(又称为智能诊断技术或数据驱动的方法)

近年来人工智能及计算机技术的飞速发展为故障诊断技术的发展提供了新的理论基础,产生了基于知识的诊断方法。这种方法不需要诊断对象精确的数学模型,而且具有某些"智能"特性,因此是一种很有生命力的方法。基于知识的故障诊断方法主要分为专家系统故障诊断方法、模糊故障诊断方法、故障树故障诊断方法、神经网络故障诊断方法、SVM 故障诊断方法和信息融合故障诊断方法等。

神经网络是目前应用最为广泛的一种智能诊断方法,文献[14]利用传感器输出时间序列构造神经网络预测,根据网络输出和实际输出之差与某一阈值的大小比较关系进行故障诊断,对某型飞机控制系统进行仿真得到了较好的效果。但神经网络是基于经验风险最小化的建模,容易陷入局部最优甚至过拟合。

基于结构风险最小化的 SVM 在一定程度上缓解了神经网络的这些问题,因此得到了广泛的关注和研究,文献[15]针对某型航空发动机整机振动过大的现象,提出了一种基于 SVM 的整机振动故障诊断方法并建立了基于 SVM 的航空发动机整机振动故障诊断模型,对某型航空发动机已知的整机振动故障模式数据进行了训练和预测,结果表明该方法应用于航空发动机整机振动故障诊断方面具有良好效果。

总之故障诊断领域几乎用到了所有人工智能领域的分类方法。在这些方法中基于统计学习理论的 SVM 是一种新型的、性能优越的方法,但目前关于 SVM 的研究仍存在一些难题,如训练算法的优化、模型参数的选取等关键问题。

1.3.2 故障预报技术

关于故障预测方法的分类,目前不同研究机构和组织的提法不尽一致,从目前主流的技术和应用研究工作综合来看,主要可以分为基于模型的故障预测技术、基于统计可靠性的故障预测技术和数据驱动的故障预测技术。

1) 基于模型的故障预测技术

基于模型的故障预测指采用动态模型或过程的预测方法。物理模型方法、卡尔曼/扩展卡尔曼滤波、粒子滤波以及基于专家经验的方法等均可列为基于模型的故障预测技术。

基于模型的故障预测技术一般要求对象系统的数学模型是已知的,这类方法提供了一种掌握被预测组件或系统的故障模式过程的技术手段,在系统工作条件下通过对功能损伤的计算来评估关键零部件的损耗程度,并实现在有效寿命周期内评估部件使用中的故障累积效应,通过集成物理模型和随机过程建模,可以用来评估部件剩余寿命(Remaining Useful Life,RUL)的分布状况,基于模型的故障预测技术具有能够深入对象系统本质的性质和实现实时故障预测的优点。

采用物理模型进行故障预测时,根据预测对象系统的稳态或瞬态负载、温度或其他在线测试信息构建预测模型框架,并统计系统或设备历史运行情况或预期运行状态,进行系统将来运行状态的仿真预测。通常情况下,对象系统的故障特征与所用模型的参数紧密联系,随着对设备或系统故障演化机理研究的逐步深入,可以逐渐修正和调整模型以提高其预测精度。而且,在实际工程应用中也往往要求对象系统的数学模型具有较高的精度。但是,与之相矛盾的问题是,通常难以针对复杂动态系统建立精确的数学模型。因此,基于模型的故障预测技术的实际应用和效果受到了很大限制,尤其是在复杂系统的故障预测问题中,如电子系统的故障预测,很难或者几乎不可能建立预测对象精确的数学模型。

文献[16]提出了一种非线性随机模型对机械结构进行建模,该模型通过使用广义卡尔曼滤波器来在线实时估计系统当前的故障情况以及预测系统的剩余使用寿命。美国 Impact 公司利用基于物理模型的方法对齿轮箱的故障进行了预测,该预测模块已被应用于美国联合攻击战斗机(Joint Strike Fighter,JSF)的 PHM 系统中,可以对由于低周疲劳(LCF)断裂或齿裂引起的齿轮和齿牙故障进行实时的预测,并在美国的宾州航空研究实验室(Aeromedical Reasearch Laboratory,ARL)实验室对结果进行了验证。目前,基于模型的方法大多应用于飞行器、旋转机构等机电系统中,而对于复杂电子系统,由于其故障模式和失效机理相对复杂,其故障预测的模型化研究相对滞后。

2)基于统计可靠性的故障预测技术

在某些情况下,确定一个完整的动态模型,给出输入和输出之间的系统微分方程,可能是不必要的,也可能是不现实的。通常,基于统计可靠性或者说是基于概率的故障预测方法适用于从过去故障历史数据的统计特性角度进行故障预测。相比于基于模型的方法,这种方法需要更少的细节信息,因为预测所需的信息包含在一系列的不同概率密度函数(Probability Density Function, PDF)中,而不需要动态微分方程的形式。这种方法的优势就是所需要的概率密度函数可以通过对统计数据进行分析获得,而所获得的 PDF 能够对预测提供足够的支持。另外,这种方法所给出的预测结果含有置信度,这个指标也能够很好地表征预测结果的准确度。

典型的基于统计可靠性的故障概率曲线就是著名的"浴盆曲线"。即在设备或系统运行之初,故障率相对较高,经过一段时间稳定运行后,故障率一般可以保持在相对比较低的水准,而后,再经过一段时间的运转,故障率又开始增加,直到所有的部件或设备出现故障或失效。设备的生产特性、历史任务的变化、寿命周期内的性能退化等因素,使得基于系统特性的故障预测变得更加复杂,所有这些因素均会对预测结果产生一定概率的影响。另外还需要考虑降低故障预测的虚警率。通过对大量的工程产品和系统的可靠性分析,一般产品或系统的失效与时间数据趋势很好地服从威布尔分布(Weibull Distribution),因此,Weibull 模型被大量用于系统或设备的剩余寿命预计。基于统计可靠性的故障预测方法包括贝叶斯方法、Dempster - Shafer 理论、模糊逻辑等。所有这些方法一般都是基于贝叶斯定理估计故障的概率密度函数。

文献[17]运用动态贝叶斯网络来预测剩余寿命的方法,在已知装备系统各部件可靠度的前提下,对系统整体的可靠度随时间的变化趋势进行预测,应用于飞机流体控制器的故障预测。

3)数据驱动的故障预测技术

许多情况下,对于由很多不同的信号引发的历史故障数据或者统计数据集,很难确认何种预测模型适用于预测。或者在研究许多实际的故障预测问题时,建立复杂部件或者系统的数学模型是很困难的甚至是不可能的,因此,部件或者系统设计、仿真、运行和维护等各个阶段的测试,传感器历史数据就成为掌握系统性能下降的主要手段。基于测试或者传感器数据进行预测的方法称为数据驱动的故障预测技术,典型的基于数据驱动的故障预测方法有人工神经网络(Artificial Neural Networks,ANN)、模糊系统(Fuzzy Systems)、SVM 和其他计算智能方法。

相比于传统统计学范畴内的回归分析及时间序列分析方法,神经网络方法可以实现对于数据的自适应,可以从样本中学习并且尝试捕捉样本数据之间内在的函数关系。文献[18]应用自组织神经网络进行多变量趋势预测,并应用到轴承系统的剩余使用寿命预测。随着研究工作的进展,产生了很多改进的或者特殊形式的神经网络算法,如小波神经网络、模糊神经网络等,这些改进的神经网络算法也在故障诊断和预测中取得了很好的应用效果[19]。

随着人工智能技术的发展,很多研究者也探索应用其他方法进行故障预测,文献[20]提出了 3 种基于隐马尔可夫模型的识别算法,并将其应用到机械系统故障预测中的早期故障征兆的发现与识别问题中。文献[21]提出了一种基于数据挖掘的故障预测算法,将设备的故障看作工作环境变量的函数,从历史数据中发掘设备故障与工作环境变量之间的联系,从而实现设备故障发展过程的预测。目前美国国家航空航天局(National Aeronautics and Space Administration,NASA)的研究者们分别研究并对比了神经网络、决策树和 SVM,并将这些方法综合应用于电源、旋转装置的故障预测和剩余寿命预计中[22]。文献[23]提出了一种基于迭代约简最小二乘支持向量回归机算法和模型预测机制的直升机扭矩动态超前预测模型设计方法,仿真验证表明该控制方案能较好地抑制直升机操控过程中大的扭矩扰动对涡轴发动

16

机造成的不利影响。文献[24]利用相似性查询的方法对发动机的故障模式进行了查询;文献[25,26]分别利用 SVM 和竞争聚类技术对航电系统中的模拟电路进行了故障诊断,仿真结果表明在没有先验专家知识和故障模型的情况下,可以精确地诊断出故障。

数据驱动的故障诊断方法以飞行数据为基础,寻找这些数据中蕴含的规律,利用这些规律对未知数据或者无法观测的数据进行分类,不需要知道系统精确解析模型,而且具有某些"智能"的特性,是一种很有生命力的方法。近年来数据驱动方法已成为热门的研究领域。IEEE 从 2008 年开始举办专注于各类基于数据的异常检测和故障诊断技术的会议。

数据驱动的故障诊断方法的性能与数据源密切相关,飞行数据作为数据驱动方法的数据源具有如下特点:

(1)复杂性:飞机由多个分系统和部件组成,分系统之间紧密相连,故障具有纵向传播和横向传播特性,故障现象、部位和原因之间的关系复杂,造成性能参数和故障模式间不一定有明确的对应关系。

(2)多维性:由于飞机的复杂性,使得描述某一分系统或部件模型时需要使用的性能参数包括多个,具有多维性。

(3)随机性:受飞机作业环境、驾驶因素、传感器测量噪声等影响,飞行数据中往往包含随机噪声,使得数据具有随机性。

(4)不平衡性:对于飞机而言,虽然在日常飞行过程中积累了大量的飞行数据,但大多数样本是正常情况的数据,故障数据比较少。

(5)不完整性:一方面,飞行数据中虽然蕴含故障信息,但不可能包含各种故障时的所有情况;另一方面,飞行数据中往往只记录了飞机性能参数信息,而没有对应时刻的飞机状态信息,例如飞行数据记录仪、巡航报告等中的数据,因此飞行数据中存在的是大量无标记数据。

因此研究利用飞行数据进行故障诊断对于提高飞机的安全性,降低维修成本具有重要的意义。目前,NASA 也将这个问题作为未来的一项重要研究工作。

NASA、波音、洛克希德·马丁等机构一直非常重视飞行数据的积累以及飞行数据的应用,特别是 NASA 自 1967 年起就开始从事数据驱动的故障诊断技术的研究。近些年随着 PHM 概念的提出,使得数据驱动的诊断技术成为国际上研究的热点。

我国的航空事业处于蓬勃发展时期,为了保障飞机的安全性、可靠性、经济性,相关的研究机构一直致力于飞机故障诊断技术的研究。20世纪90年代PHM的概念提出后,我国也关注到利用飞行数据进行状态监控、故障诊断和故障预报的重要性。南京航空航天大学、西北工业大学、哈尔滨工业大学、北京航空航天大学、空军工程大学、西安电子科技大学等高校,航空611研究所、航空603研究所、中航634研究所等研究机构,陕西千山航空电子有限公司、广州航新航空科技股份有限公司等在"十一五""十二五"国防预研以及国家各项基金支持下,对飞行数据的译码、飞行数据库的建立以及基于神经网络、信息融合、SVM等机器学习方法的飞机故障诊断技术的理论和算法进行了长期的研究,取得了丰富的成果和一定的技术储备,但对基于飞行数据的诊断系统的鲁棒性问题缺乏系统而深入的研究。

总之数据驱动的飞机故障诊断技术已经得到了国内外众多相关研究机构的重视,并且已经取得了一些成果,但是目前还存在如下问题需要解决:

(1)飞行数据质量问题。飞行数据的随机性、不完整性及不平衡性将直接造成信息提取困难和故障诊断算法精度变差,直接影响诊断结果的稳定性,因此需要提高数据源的质量。

(2)飞行数据的多维性导致的"维数灾难"问题。随着技术的发展,可以采集的飞机性能参数的数量也在不断增加,参数数量的增多意味着需要更多的训练样本。为了保证不同故障模式样本之间的统计多样性需要样本数量以参数维数按指数级增长。但是飞行数据中故障样本比较少,这必然会影响诊断算法的鲁棒性。因此需要研究特征参数提取技术,降低诊断算法输入的维数。

(3)数据驱动诊断算法的问题。由于噪声引起的故障诊断结果不稳定的问题目前还没有彻底解决。同时现有的数据驱动故障诊断算法对于用户来说是个"黑箱",而一般来说,显示表示是鲁棒系统的必备实用性特点,尤其是对于故障诊断这样的描述型任务。

因此本书将重点研究数据驱动的故障诊断技术,并且以SVM作为核心的故障诊断和故障预测方法。

1.4 支持向量机理论研究现状

统计学习理论是一种专门研究小样本(样本数有限)条件下机器学习规律的理论。统计学习理论的一个核心概念——VC 维概念(由 Vapnik 和 Chervonenkis 提出的一个定义),该概念描述了函数集或学习机器的复杂性或者说是学习能力,在此概念基础上发展出了一系列关于统计学习的一致性、收敛速度、泛化能力等的重要结论。统计学习理论建立在一套坚实的理论基础之上,为解决有限样本学习问题提供了一个统一的框架。它能将很多现有方法纳入其中,有望帮助解决许多原来难以解决的问题,如神经网络结构选择问题、局部极小点问题等。到 20 世纪 90 年代中期,随着其理论的不断发展和成熟,也由于神经网络等学习方法在理论上缺乏实质性进展,统计学习理论开始受到越来越广泛的重视。

1995 年 Vapnik 等人运用统计学习理论对神经网络进行研究,创立了一种全新的通用学习方法 SVM,SVM 表现出很多优于已有方法的性能。SVM 是一种较新的机器学习方法。SVM 能够利用有限高维数据达到高水平泛化,它的成功应用证明了发展基于 VC 理论的结构学习方法的潜在优势,推动了统计学习理论的实际应用。目前,SVM 在模式识别、回归估计、概率密度函数估计等方面都有应用。例如,在模式识别方面,对于手写数字识别、语音识别、人脸图像识别、文章以及文本分类等问题,SVM 在精度上已经超过传统的学习算法或与之不相上下。另外 SVM 分类方法的研究对于生物信息学中基因序列相似性分析、基因分类和蛋白质结构预测等问题也有重要的意义。

虽然 SVM 的发展时间很短,但由于它的产生基于统计学习理论,因此具有坚实的理论基础。近年来涌现出的大量理论研究成果,更是为其应用研究奠定了坚实的基础。目前关于 SVM 的研究仍存在一些难题,如训练算法的优化、模型参数的选取等关键问题。

1.4.1 支持向量机学习算法

对学习算法的改进是目前 SVM 研究的主要内容,SVM 的学习算法研究可以用6个字表达:更小、更快、更广。

SVM 的学习过程实际上是求解一个二次凸规划(Quadratic Programming,QP)问题,从理论上讲有许多经典的方法。但是 SVM 中二次规划的变量维数等于训练样本的个数,从而使训练过程中的矩阵元素的个数是训练样本的平方,这就造成实际问题的求解规模过大,而使许多经典的方法不适用。例如,当样本点数目超过4000时,储存核函数矩阵需要多达128MB内存。其次,SVM 在二次型寻优工程中需要进行大量的矩阵运算,多数情况下,寻优算法占用了算法的大部分时间。

传统的解决凸二次规划问题的算法有牛顿法、共轭梯度算法和内点法,其中以内点法为代表。它们能够直接用于求解 SVM 中的凸二次规划问题,但是由于算法实现过程中存储和计算量的原因,只是局限于规模较小的问题。针对传统算法的这些缺点,专门针对 SVM 的新算法相继涌现。由于 SVM 中的最优化问题比较特殊,它们具有一些非常好的特性,诸如解的稀疏性和最优化问题的凸性等,这些性质使得我们构造使用较少存储的快速专用算法成为可能。这些专用算法的一个共同特点是:将大规模的原问题分解成若干小规模的子问题,按照某种迭代策略,反复求解子问题,构造出原问题的近似解,并使该近似解逐渐收敛到原问题的最优解。由于子问题的选取和迭代策略的不同,可以有不同的具体算法:选块算法(Chunking)、分解算法(Decomposing)和序列最小最优化算法(Sequential Minimal Optimization,SMO)。

1) 内点法

内点法的研究源于 Karmarkar,他于1984年首次提出了求解线性规划问题的投影尺度算法。该方法在每次迭代中通过空间变换将现行可行解置于可行域的中心,并通过可行域的内部移动,使得产生的每个迭代点都位于可行域的内部。投影尺度内点法在理论上属于多项式算法,它的实用价值也得到了充分肯定,逐渐地从求解线性规划问题推广到了其他领域。

然而由于存储和计算量两方面的要求,这种算法往往会失效。算法需要存储与训练集相应的核矩阵,存储核矩阵所需要的内存与训练集样本点数是成平方增长的。另外,这些算法往往包含大量的矩阵运算,需要的运算时间往往过长。因此,需要设计新算法。

2）选块算法

1995 年,Cortes 和 Vapnik 给出了一种求解 SVM 二次规划问题的选块算法[27]。其中,"块"是训练集中的任意一个子集。算法的依据是 SVM 的最终求解结果只与支持向量有关,与非支持向量无关。其实现过程是将初始 QP 问题分解为一系列小规模的 QP 子问题(每个子问题对应一个"块"),不断求解 QP 子问题,保留解中的支持向量,并加入到新的 QP 子问题中。每个 QP 子问题都采用上次求解的结果作为初始值,迭代计算,直到满足某一个停机准则为止。

这种算法的优点是当支持向量的数目远小于训练样本数目时,能够大大提高运算速度。然而,如果支持向量个数本身比较大,随着算法迭代次数的增多,所选的块也会越来越大,算法的复杂度会增加,运行速度也会十分缓慢。

3）分解算法

上述的选块算法目标是找出所有的支持向量,因而最终还是需要存储相应的核函数矩阵。为了提高 SVM 训练的速度,Osuna 于 1997 年提出了分解算法[28],Joachims 后来对其进行了改进,提出了启发式的迭代策略[29],提高了算法的收敛速度。与选块算法不同,分解算法每次只更新若干个(一定数量的)拉格朗日乘子,其他的乘子保持不变。因此,每次一个新的样本加到工作集中,就必须舍去另一样本点。迭代过程中只是将工作集之外的样本点中的一部分"最糟糕的样本点"与工作集中一部分样本点进行等量交换。即使支持向量的个数超出了工作集的大小,也不改变工作集的规模。该算法的目的不是找出所有的支持向量,从而在相应的约束上解决问题,而是每次只针对很小的训练子集来求解。

4）序列最小最优化算法

1998 年,Platt 提出了一个称为 SMO[30] 的分解算法。该方法将 QP 问题分解为尽可能小的一系列 QP 子问题,使得该子问题可以直接解析求解而避免用数值方法,从而大大节约计算时间,同时也不需要大的矩阵存储空间,特别适合稀疏样本。

目前,SMO 已成为 SVM 最常用的学习算法。对 Platt 的 SVM 算法,Keerthi 等通过对 SMO 的分析在文献[31]中进行了重大改进,即在判别最优条件时用两个阈值取代一个阈值,从而使算法更合理、运算速度也更快。Joachims 提出了具体的 SVM 的快速实现算法[32],并在软件包 SVM^{light}中实现了这一算法,Joachims 的主要贡献在于工作集的选择和实现的具体细节上,从而使算法能较好地处理大规模数据的训练和分类问题。Chih-Wei Hsu 和 Chih-Jen Lin 综合 SMO 和 SVM^{light}中 的 工 作 集 选 择 方 法,用 C ++ 实 现 了 一 个 动 态 库 LIBSVM[33,34],可以说 LIBSVM 是目前使用最多、最方便的 SVM 训练工具之一。此外还有许多其他扩展算法,如 v-SVM,广义 SVM(Generalized SVM,GSVM),最小二乘 SVM(Least-Square SVM,LS-SVM),几何 SVM(Geometric SVM),这些改进算法对 SVM 的发展起到极大的推动作用。

1.4.2　支持向量机参数选取方法

目前的文献中,绝大多数 SVM 采用了高斯径向基(RBF)核函数。Vapnik 等人在研究中发现,不同的核函数对 SVM 性能的影响不大,反而核函数的参数,是影响 SVM 性能的关键因素,因此选择合适的核函数参数,对学习机器的性能至关重要。实际应用表明高斯径向基核具有良好的性能和很强的 SVM 学习能力。

对于支持向量分类机,高斯径向基核函数的确定意味着要确定的参数主要有两个:C 和 σ。其中:C 控制着使间隔最大且错误率最小的折中,用统计学理论的术语来说,就是在确定的特征空间中调节学习机的置信范围和经验风险的比例;而 σ 主要影响样本数据在高维特征空间中分布的复杂程度。因此怎样确定参数 C,σ 是决定分类器好坏的关键,而要想获得推广能力良好的 SVM 分类器,首先要选择合适的 σ 将数据映射到合适的特征空间,然后针对该确定的特征空间寻找合适的 C 以使学习机的置信范围和经验风险具有最佳比例。而对于支持向量回归机,还需要确定不敏感损失函数中的不敏感损失因子 ε,不敏感损失因子 ε 决定了支持向量的个数,支持向量个数过少影响回归函数精度,过大训练算法收敛速度变慢。

目前主要的确定参数的方法有:经验法、搜索法以及基于各种智能计算的参数优化方法。

1）经验法

对于参数的选择,统计学习理论目前给出了一些建议和解释,但是并没有给出理论上的最优方案。例如,对于高斯径向基核函数,表示径向基函数的宽度 σ,有如下的经验公式:

$$\sigma = \frac{1}{E(\parallel x_i - x_j \parallel^2)}$$

虽然很多实验表明据此得到的径向基核函数参数的效果基本上不错,但是在设计实用系统时,总是希望其性能越高越好。另外除了高斯核函数的参数 σ,在支持向量分类机中还需要确定惩罚因子 C,以及支持向量回归机中的不敏感损失因子 ε。而依据使用者的经验来设定参数,其效果非常依赖于个人经验,参数选择的效果得不到保障,因此通常需要根据实际的样本数据来仔细调节这些参数。

2）搜索法

搜索法是一个应用较为普遍的非线性 SVM 参数选取的方法。基于网格法的参数选取方法具体如下:首先选取一组合适的核参数、惩罚参数、损失函数参数的范围,即确定参数搜索的范围;然后设定固定的搜索步长,这样在由核参数和惩罚参数构成的坐标系上就得到一个二维或三维的网络。对应网格上的每一组参数值,按照交叉验证方法计算出测试准确率(对于分类机,计算其分类准确率;而对于回归机,计算其预测的均方误差),最后将各组参数值对应的准确率用等高线描出,得到一个等高线图,进而选出最优的参数值。

网格法搜索最优参数值比较直接、简单。若参数较少,网格搜索的时间消耗少;但是当参数较多,或者参数的范围选取得不适当、搜索步长的不确定,会导致结果的不准确性以及搜索时间的消耗大,搜索过程比较复杂。

3）基于各种智能计算的参数优化方法

基于智能方法的基本思想是把参数选择问题看成一个寻找函数最优解的问题。假设输入的参数组合 $X = (x_1, x_2, \cdots, x_n)$(分类问题中 $n = 2$, $X = (\sigma, C)$;回归问题中 $n = 3$, $X = (\sigma, C, \varepsilon)$),$f(X)$ 为在输入参数组合 X 下由交叉验证法得到的预测精度(对于分类机,计算其分类准确率;而对于回归机,计算其预测的均方误差),于是问题就转化为

带约束条件下的优化问题,即

$$\max \quad f(X)$$
$$\text{s. t.} \quad X \in [X_{\text{low}}, X_{\text{high}}]$$

通过求解这个优化问题,可以得到最优的参数选取。传统寻优算法处理此类复杂优化问题效果往往有限,而智能算法通过学习自然过程,利用其内部总结和反馈启发信息机制,能很好地解决此问题。常用的智能算法有遗传算法、粒子群算法、蚁群算法以及混合算法等。

文献[35]提出了一种混合方法来选择支持向量回归的超参数,这种混合方法包含两个部分:利用竞争聚集算法选择径向基核参数和基于训练误差的标准方差的方法确定不敏感损失常数。文献[36]提出了基于遗传算法的支持向量回归机(Support Vector Regression,SVR)参数自动确定方法,该方法根据已有的样本集确定遗传算法的搜索区间,然后在该区间内对搜索的参数进行最优选取。

4)其他方法

文献[37]归纳了用于模型选择的 Bootstrap 方法,指出该方法得到的推广误差的估计具有较小的方差,同时提出一种快速的 Bootstrap 方法用于 LS – SVR(Least Squares Support Vector Regression,支持向量回归机)的超参数估计。文献[38]提出了一种调整正则参数的信息准则,这种准则通过计算一个特征值来实现,可用于 Logistic 回归和 SVM 的模型选择。文献[39]构造一个全局性次核来降低高斯核产生的局部风险,证明了主次核的正定性条件,提出了基于遗传算法的两阶段模型选择算法来优化核参数。

虽然参数选取的方法很多,但目前没有统一的选取标准和理论。所以在实际应用中针对实际问题选取合理的方法进行参数选取是决定向量机性能好坏的关键。

1.4.3 支持向量机模型算法验证

1)交叉验证

交叉验证,有时也称循环估计[40],是一种统计学上将数据样本切割成较小子集的实用方法。于是可以先在一个子集上做分析,而其他子集则用来做后续对此分析的确认及验证。一开始的子集被称为训练集,而其他的子集则被称为验证集或测试集。

K 次交叉验证,初始采样分割成 K 个子样本,一个单独的子样本被保留作为验证模型的数据,其他 $K-1$ 个样本用来训练。交叉验证重复 K 次,每个子样本验证一次,平均 K 次的结果得到一个单一估测。这个方法的优势在于,同时重复运用随机产生的子样本进行训练和验证,每次的结果验证一次。10 次交叉验证是最常用的,有时也随机取一半样本集作为训练,另一半作为测试,即 2 次交叉验证。

2) UCI(加州大学欧文分校)数据集[41]

为了验证算法的有效性,往往需要一些公认的标准数据集,UCI 数据集是一个常用的标准测试数据集。UCI 资源库最初是由加州大学欧文分校的 David Aha 和学校的研究生在 1987 年创建的一个收集用于实验分析的机器学习数据集 FTP(文件传输协议)。自 UCI 数据集平台诞生以来,它已成为学生、教育工作者和世界各地的研究人员研究机器学习的主要数据来源。目前,UCI 数据库收集的数据包含分类、聚类分析、回归预测等所有数据挖掘的计算机相关科学领域,是前 100 名被引用最多的资源。当前网站的版本是 2007 年由 Arthur Asuncion 和 David Newman 设计的。本书验证算法的数据主要以 UCI 数据集为主。

第2章

支持向量机简介

SVM 的理论基础是统计学习理论,统计学习理论是机器学习和人工智能的重要研究领域之一。统计学习理论的研究始于 20 世纪 60 年代末,它是在研究小样本统计估计和预测的过程中发展起来的一种新兴理论[42,43]。根据 SVM 的用途可以将 SVM 分为支持向量分类机和支持向量回归机。

2.1 支持向量分类机

SVM 是 Vapnik 于 1995 年在 VC 维理论和结构风险最小化的基础上提出的。它是统计学习理论在近年来取得的最新也是最实用的成果,可以说,统计学习理论现在仍然受到重视正是因为有了 SVM 的存在。

2.1.1 最优分类面

SVM 是从线性可分情况下的最优分类面(超平面)提出的。所谓最优分类面就是在给定包含两类样本的训练集下寻找一个分类面不但能将两类正确分开,而且使分类间隔最大,前者是保证经验风险最小,而使分类间隔最大就是使推广性的界中置信范围最小,从而使真实风险最小,也是对推广能力的控制。

1) 线性硬间隔分类面

设给定样本集 $T = \{(x_1, y_1), (x_2, y_2), \cdots, (x_l, y_l)\} \in (\chi \times y)^l$,其中,$x_i \in \chi = \mathbf{R}^n, y_i \in y = \{-1, 1\}(i = 1, 2, \cdots, l)$。分类的目的就是寻找

一个分割超平面将正、负两类样本完全分开。它的基本思想可用图 2-1 说明。

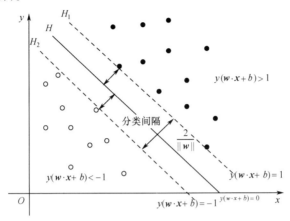

图 2-1 两类分类的原理图

其中,实心点和空心点代表两类样本,H 为分类超平面,H_1 和 H_2 分别为各类中离 H 最近的样本且平行于 H 的超平面,它们到 H 的距离相等,它们之间的距离叫作分类间隔。而最优分类超平面就是以最大间隔将两类正确分开的超平面(图 2-1 中的 H),对于两类样本分类这样的问题,最优分类超平面具有最大稳定性和较高的推广能力。

分类超平面方程的一般形式可写为 $w \cdot x + b = 0$,其中 w 是方向向量,b 是偏置量,对之进行归一化,使得对线性可分的样本集 T,满足

$$y_i(w \cdot x_i + b) \geqslant 1 \quad (i = 1, 2, \cdots, l) \qquad (2-1)$$

此时分类间隔等于 $2/\|w\|$,因此使间隔最大等价于 $\|w\|^2$ 最小。要找到最优分类超平面,我们需要在式(2-1)的约束条件下最小化泛函:

$$\phi(w) = \frac{1}{2}\|w\|^2 \qquad (2-2)$$

这个最优化问题的解由下式的拉格朗日泛函的鞍点给出:

$$L(w, b, a) = \frac{1}{2}\|w\|^2 - \sum_{i=1}^{l} a_i\{y_i[(w \cdot x_i) + b] - 1\}$$

$$(2-3)$$

式中:a_i 为每个样本对应的拉格朗日乘子。在鞍点上,w, b, a 的解必须

满足

$$\frac{\partial L(\boldsymbol{w},b,a)}{\partial b} = 0 \qquad (2-4)$$

$$\frac{\partial L(\boldsymbol{w},b,a)}{\partial \boldsymbol{w}} = 0 \qquad (2-5)$$

求解上述两个公式,得到以下方程:

$$\sum_{i=1}^{l} y_i a_i = 0 \quad (a_i \geqslant 0; i = 1,2,\cdots,l) \qquad (2-6)$$

$$\boldsymbol{w} = \sum_{i=1}^{l} y_i a_i x_i \qquad (2-7)$$

式(2-7)说明了最优超平面的权系数向量是训练集中的向量的线性组合。将式(2-6)和式(2-7)代入式(2-3),且将原问题转化为其对偶问题,即在式(2-6)的约束下,求解 a_i,使下列函数有最大值:

$$Q(a) = \sum_{i=1}^{l} a_i - \frac{1}{2}\sum_{i,j=1}^{l} a_i a_j y_i y_j (x_i \cdot x_j) \qquad (2-8)$$

此时,需要解决的问题已经转化为一个不等式约束下的二次函数寻优的问题,寻找唯一解,若 a_i^*($a_1^*,a_2^*,\cdots,a_i^*$)为式(2-8)的最优解,则最后得到的最优分类函数(目标函数)为

$$f(x) = \mathrm{sgn}\{(\boldsymbol{w} \cdot \boldsymbol{x}) + b\} = \mathrm{sgn}\left\{\sum_{i=1}^{l} y_i a_i^* (x_i \cdot x) + b^*\right\}$$

$$(2-9)$$

上述最优化问题的解 a^* 的每一个分量 a_i^* 都与一个样本点相对应。可见,式(2-9)确定最优分划平面仅依赖于那些 a_i^* 不为零的样本点(x_i,y_i),而与相应于 a_i^* 为零的训练点无关。我们称 a_i^* 不为零的样本点的输入 x_i 为支持向量(SV)。式(2-9)中的 b^* 是分类阈值,它可以用任何一个支持向量求得。

对于式(2-9),Vapnik 又将其称为"线性硬间隔 SVM"。

2)线性软间隔分类面

上文讨论了样本集线性可分的情况,然而在样本集线性不可分时,由于不存在使得分类间隔取正值的超平面,严格要求所有样本被正确分类的"硬间隔"方法是行不通的。此时,我们必须适当松弛式(2-1)中的约束条件。通过为每个样本点(x_i,y_i)引入松弛变量 $\xi_i \geqslant 0$,把约

束条件放松为

$$y_i(\boldsymbol{w} \cdot \boldsymbol{x}_i + b) \geqslant 1 - \xi_i \quad (i = 1, 2, \cdots, l) \tag{2-10}$$

向量 $\boldsymbol{\xi} = (\xi_1, \xi_2, \cdots, \xi_l)^{\mathrm{T}}$ 体现了允许样本集被划错的情况,而由 $\boldsymbol{\xi}$ 可以构造出描述训练集被错划的程度。此时的分类目标有两个:一是希望分类间隔 $2/\|\boldsymbol{w}\|$ 尽可能地大;二是希望错划程度 $\sum\limits_{i=1}^{l} \xi_i$ 尽可能地小。为了把这两个目标综合成为一个目标,引进一个惩罚参数 C 作为综合两个目标的权重,即极小化新的目标函数 $\frac{1}{2}\|\boldsymbol{w}\|^2 + C\sum\limits_{i=1}^{l} \xi_i$。因此得出如下的"线性软间隔支持向量机"。

算法 2.1.1 线性软间隔支持向量机

(1)选择适当的惩罚参数 $C > 0$,构造并求解最优化问题:

$$\min \quad \frac{1}{2}\sum_{i=1}^{l}\sum_{j=1}^{l} y_i y_j a_i a_j (x_i \cdot x_j) - \sum_{j=1}^{l} a_j$$
$$\text{s. t.} \quad \sum_{i=1}^{l} y_i a_i = 0, 0 \leqslant a_i \leqslant C, i = 1, 2, \cdots, l \tag{2-11}$$

求得最优解 $\boldsymbol{a}^* = (a_1^*, a_2^*, \cdots, a_l^*)^{\mathrm{T}}$。

(2)选择 $\boldsymbol{a}^*$ 的一个正分量 a_j^*,$0 < a_j^* < C$,并据此计算阈值:

$$b^* = y_i - \sum_{i=1}^{l} y_i a_i^* (x_i \cdot x_j) \tag{2-12}$$

(3)构造分划超平面 $[\boldsymbol{w}^* \cdot \boldsymbol{x}] + b^* = 0$,求得决策函数:

$$f(x) = \mathrm{sgn}\left(\sum_{i=1}^{l} y_i a_i^* (x_i \cdot x) + b^*\right) \tag{2-13}$$

3)非线性软间隔分类面

上面研究的是线性不可分问题的一种解决方法,如果我们考虑到此时能够正确划分样本集的超平面已不存在,自然地考虑用"超曲面"来代替它。此时的基本思路是在能够正确分划样本集的超曲面中,寻找出一个"最优"超曲面,即"最大间隔超曲面"。但是,"最大间隔超曲面"是难以描述和直接求解的。通过引入由输入空间 χ 到某个高维空间 H(一般是 Hilbert 空间)的非线性映射 $\Phi(\cdot):\chi \rightarrow H$,能够把 χ 中的寻找非线性的"最大间隔超曲面"问题转化为在高维空间 H 中求解线性的

"最大间隔超平面"的问题,从而更容易给出具体的模型进行求解。

因此,综合前面两种处理线性不可分问题的思想,得到更常用的非线性软间隔支持向量分类机,简称支持向量机。

算法 2.1.2 支持向量机

(1) 设已知训练集 $T = \{(x_1, y_1), (x_2, y_2), \cdots, (x_l, y_l)\} \in (\chi \times y)^l$,其中 $x_i \in \chi = \mathbf{R}^n, y_i \in y = \{-1, 1\}(i = 1, 2, \cdots, l)$。

(2) 选择核函数 $K(x, x')$ 和惩罚参数 C,构造并求解最优化问题:

$$\min \quad \frac{1}{2} \sum_{i=1}^{l} \sum_{j=1}^{l} y_i y_j a_i a_j K(x_i \cdot x_j) - \sum_{j=1}^{l} a_j \tag{2-14}$$

$$\text{s. t.} \quad \sum_{i=1}^{l} y_i a_i = 0, 0 \leq a_i \leq C, i = 1, 2, \cdots, l$$

求得最优解 $\boldsymbol{a}^* = (a_1^*, a_2^*, \cdots, a_l^*)^T$。

(3) 选择 $\boldsymbol{a}^*$ 的一个正分量 $a_j^*, 0 < a_j^* < C$,并据此计算阈值:

$$\boldsymbol{b}^* = y_i - \sum_{i=1}^{l} y_i a_i^* K(x_i, x_j) \tag{2-15}$$

(4) 构造分划超平面 $[\boldsymbol{w}^* \cdot \boldsymbol{\Phi}(x)] + b^* = 0$,求得决策函数:

$$f(x) = \text{sgn}\left(\sum_{i=1}^{l} y_i a_i^* K(x_i, x) + b^*\right) \tag{2-16}$$

上述分类函数在形式上类似于一个神经网络,其输出是若干中间层节点对应于输入样本与一个支持向量的核函数的线性组合,每个中间节点对应一个支持向量,如图 2-2 所示。

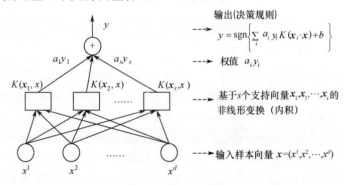

图 2-2 SVM 的示意图

上述算法 2.1.2 由于包含了重要参数 C,因此也称为 C – 支持向量分类算法(简称为 C – SVC 算法,也常常简写为 SVC)。

2.1.2 核函数

在 SVM 中,我们需要选择函数 $K(\cdot,\cdot)$,或者说需要选择一个映射 $\Phi(\cdot)$,把 x 所在的输入空间 χ 映射到另一个空间 H,这个空间一般是 Hilbert 空间。函数 $K(\cdot,\cdot)$ 就是核函数,它在解决非线性学习机器的计算能力和泛化能力方面起着决定性的作用。下面首先给出其定义。

定义 2.1.1 核函数:设 χ 是 $\mathbf{R}^n$ 中的一个子集。如果存在着从 χ 到某一个 Hilbert 空间 H 的映射

$$\Phi: \begin{matrix} \chi \to H \\ x \mapsto \Phi(x) \end{matrix} \tag{2-17}$$

使得

$$K(x,x') = \Phi(x) \cdot \Phi(x') \tag{2-18}$$

那么定义在 $\chi \times \chi$ 上的函数 $K(x,x')$ 称为核函数,其中 $(\cdot)$ 为 H 中的内积。

一方面,核函数巧妙地把高维 Hilbert 空间中两个点的内积计算,用原来输入空间中的两个样本点的简单核函数的求值来代替,不需要清楚地知道映射的具体形式,却隐含实现了映射功能,其算法复杂度与特征空间的维数无关。

另一方面,在研究从输入空间到 Hilbert 空间的映射时,选择不同的核函数或者不同的映射及其相应的 Hilbert 空间,就相当于选择不同的内积。这就意味着采取不同的标准对相似性和相似程度进行估价。显然,在实际问题中,映射的选择是重要的,映射选定以后,就可以立刻由其内积构造出满足上述定义的核函数 $K(x,x')$,从而使用 SVM 进行计算。需要注意的是,使用不同的核函数,构造出来的 SVM 的性能会有很大的不同,核函数的选择至关重要。

根据以上知识,给出一些常用的核函数如下:

(1)线性核函数:

$$K(x,x') = (x \cdot x') \tag{2-19}$$

(2) 多项式核函数：

$$K(x,x') = \left[(x \cdot x') + c \right]^d \quad (c \geqslant 0) \qquad (2-20)$$

当 $c > 0$ 时，它是非齐次多项式核；特别地，当 $c = 0$ 时，它是齐次多项式核。

(3) 高斯核函数：

$$K(x,x') = \exp\left(-\frac{|x-x'|^2}{\sigma^2} \right) \qquad (2-21)$$

对于特征空间的任意两个点 $\Phi(x)$，$\Phi(x')$，它们之间的欧几里得距离为

$$
\begin{aligned}
\left| \Phi(x) - \Phi(x') \right| &= \sqrt{\left[\Phi(x) - \Phi(x') \right]^2} \\
&= \sqrt{K(x,x) + K(x',x') - 2K(x,x')} \\
&= \sqrt{2\left(1 - e^{-\frac{\|x-x'\|}{2\sigma^2}} \right)}
\end{aligned}
$$

由上面的计算可以看出高斯核函数径向基核函数保留了原空间的结构特点，因此成为目前应用最广泛的核函数。在本书中选取高斯核函数作为研究对象，在高斯核函数模型中，我们需要解决参数选取的问题，即高斯核参数 σ。

2.1.3　多分类支持向量机

上述的 SVM 解决的都是两类分类问题，即两类支持向量分类机。实际问题中，常常会遇到多类分类的问题，把两类分类推广到多类分类是 SVM 领域的研究热点之一。目前，常见的多类分类方法有如下几种。

1）一对多方法

一对多方法是多类分类方法中最早使用到的算法。要得到多类分类机，通常的方法是构造一系列两类分类机，其中的每一个分类机都把其中的一类同余下的各类划分开。然后据此推断某个输入 x 的归属。"一对多"算法是对 k 类问题构造 k 个 SVM 子分类器。在构造第 i 个 SVM 子分类器时，将属于第 i 类别的样本数据标记为正类，不属于 i 类别的样本数据标记为负类。测试时，对测试数据分别计算各个子分类器的决策函数值，并选取函数值最大所对应的类别为测试数据的类

别[44]。第 i 个 SVM 需要解决下面的最优化问题：

$$\min_{w^i,b^i,\xi^i} \frac{1}{2}(w^i)^{\mathrm{T}} + C\sum_{j=1}^{l}\xi_j^i$$

s. t. $\quad (w^i)^{\mathrm{T}}\Phi(x_j) + b^i \geq 1 - \xi_j^i, \quad y_j = i$

s. t. $\quad (w^i)^{\mathrm{T}}\Phi(x_j) + b^i \leq -1 + \xi_j^i, \quad y_j \neq i$ $\quad \xi_j^i \geq 0, j = 1,2,\cdots,l$

$$(2-22)$$

解决上述最优化函数之后，就可以得到 k 个函数：

$$(w^l)^{\mathrm{T}}\Phi(x) + b^l,\cdots,(w^k)^{\mathrm{T}}\Phi(x) + b^k \qquad (2-23)$$

对于待测样本 x，将其输入这 k 个决策函数中，得到 k 个值，取得最大值的函数对应的类别即为该样本所属类别。

由此可知，"一对多"方法的一个明显优点是，只需要训练 k 个两类分类 SVM，故其所得到的分类函数的个数较少。这种方法的缺点是每个分类器的训练都是将全部的样本作为训练样本，这样需要求解 k 个 n 个变量的二次规划问题，因为每个 SVM 的训练速度随着训练样本的数量的增加急剧减慢，因此，这种方法训练时间较长。

2) 一对一方法

"一对一"方法，是由 Knerr 提出的。它的具体做法是：分别选取两个不同类别构成一个 SVM 子分类器，这样共有 $k(k-1)/2$ 个 SVM 子分类器。在构造类别 i 和类别 j 的 SVM 子分类器时，从样本数据集选取属于类别 i、类别 j 的样本数据作为训练样本数据，属于类别 i 的数据标记为正，属于类别 j 的数据标记为负。"一对一"算法需要解决如下的最优化问题：

$$\min_{w^{ij},b^{ij},\xi^{ij}} \frac{1}{2}(w^{ij})^{\mathrm{T}} + C\sum_{t}\xi_j^{ij}$$

s. t. $\quad (w^{ij})^{\mathrm{T}}\Phi(x_t) + b^{ij} \geq 1 - \xi_t^{ij}, \quad y_t = i$

s. t. $\quad (w^{ij})^{\mathrm{T}}\Phi(x_t) + b^{ij} \leq -1 + \xi_t^{ij}, \quad y_t \neq i$ $\quad \xi_t^{ij} \geq 0$

$$(2-24)$$

解决这一最优化问题之后，即可得到 $k(k-1)/2$ 个 SVM 子分类器。在对测试数据进行类别辨识时，将测试数据对 $k(k-1)/2$ 个 SVM 子分类器分别进行辨识，并累计各类别的得分，选择得分最高者所对应的类别为测试数据的类别。

此方法的优点是每个分类问题的规模小(有较少的支持向量),要学习的问题也较"一对多"方法简单。缺点在于如果类别数目 k 较大,那么分类器的数目 $k(k-1)/2$ 就会急剧增加,导致分类辨识速度很慢。另一个缺点在于类别辨识时采用的投票法有可能存在多个类投票相同的情况,从而使得此方法无法进行很好的辨识。

3)纠错输出编码方法

纠错编码方法是由 Dietterich 和 Bakiri[45,46] 提出的,为从两类分类到多类分类的综合提供了一个统一框架。它的基本思想是:用纠错编码方法把类编码(多类问题的输出编码)的每个类用一个码矢量表示,这样得到一个码本。训练每个两类分类器,结果构成一个矢量,然后对其解码。最简单的解码方法是 Hamming decoding,如图 2 - 3所示。

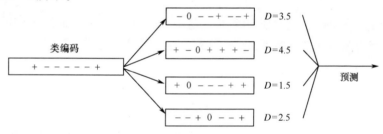

图 2 - 3　纠错编码方法的多类分类示意图

除了 Hamming decoding 方法之外,还有 Loss - based decoding[47] 等其他的解码方法。此外,如何编码和解码与具体要处理的问题有关,这也是一个值得研究的方向。

4)确定多类目标函数方法

确定多类目标函数方法没有把多分类问题分成不相关联的几个子问题,而是借鉴二分类器的思想,从统计学习理论出发,构造一个学习模型,在优化问题中统一处理全部训练样本。具体地说,对 k 类问题,需要构造 k 个判决函数,其中第 i 个函数把第 i 类与其他类数据区分开来。与一对多方法不同的是,这 k 个判决函数统一于一个模型,通过学习同时得到。它要解决如下最优化问题:

34

$$\begin{array}{c} \min\limits_{\boldsymbol{w}_r, b_r, \xi^r} \quad \dfrac{1}{2}\sum_{r=1}^{k}\parallel \boldsymbol{w}_r\parallel^2 + \dfrac{C}{k}\sum_{i=1}^{k}\sum_{r\neq y_i}\xi_i^r \qquad \xi_i^r\geqslant 0 \\ \text{s. t.} \quad (\boldsymbol{w}_{y_i}\cdot \boldsymbol{x}_i)+b_{y_i}\geqslant (\boldsymbol{w}_r\cdot \boldsymbol{x}_i)+b_r+2-\xi_i^r \end{array}$$

$$(2-25)$$

此方法虽然使用一个统一的模型进行处理,但是这个最优化问题需要处理所有的支持向量,所花费的训练时间就相应地增加了。

上述 4 种方法构造出来的分类机就是多类分类 SVM。总体来说,上述 4 个方法各有利弊,对应的 SVM 也各有优劣,我们需要根据实际问题的不同选择不同的构造方法。目前,应用比较广的是一对多方法,后文我们也将采取此方法建立多分类 SVM。

2.2 支持向量回归机

2.2.1 ε - 带超平面

支持向量回归机是支持向量分类机的推广,将分类问题推广至回归问题。与支持向量分类机类似,支持向量回归机是在给定的样本训练集下寻找一个回归超平面,使得该超平面沿着纵轴方向上下平移 ε 后,扫过的 ε - 带区域包含所有的样本点。

1) 线性硬间隔 ε - 带超平面

设给定样本集 $T=\{(x_1,y_1),\cdots,(x_l,y_l)\}\in(\chi\times y)^l$,其中 $x_i\in\chi=\mathbf{R}^n, y_i\in\mathbf{R}, i=1,2,\cdots,l$,并给定 $\varepsilon>0$。回归的目的就是寻找一个超平面 $y-(\boldsymbol{w}\cdot x+b)=0$ 使得超平面的 ε - 带区域包含样本集中所有的样本点,如图 2 - 4 所示。

回归超平面方程的一般形式可写为 $\boldsymbol{w}\cdot x+b=y$,其中 $\boldsymbol{w}$ 是方向向量,b 是偏置量,使得对线性样本集 T,满足

$$-\varepsilon\leqslant(\boldsymbol{w}\cdot x_i+b)-y_i\leqslant\varepsilon \quad (i=1,2,\cdots,l) \qquad (2-26)$$

对于给定的 $\varepsilon>\varepsilon_{\min}$($\varepsilon_{\min}$ 为存在回归超平面的最小 ε),有无穷多个超平面满足条件,此时,可以按照分类问题的思想,将训练集改写为

$$T'=\{((x_1,y_1+\varepsilon),1),\cdots,((x_l,y_l+\varepsilon),1),$$

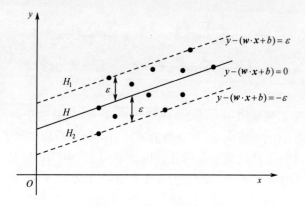

图 2 - 4 回归的原理图

$$((x_1, y_1 - \varepsilon), -1), \cdots, ((x_l, y_l - \varepsilon), -1) \} \qquad (2-27)$$

这样,应用前面 2.1.1 节 1)中处理线性可分问题的最大间隔法来构造如下超平面:

$$\min \quad \frac{1}{2} \parallel \boldsymbol{w} \parallel^2 + \frac{1}{2} \eta^2$$

$$\text{s. t.} \quad (\boldsymbol{w} \cdot \boldsymbol{x}_i) + \eta(y_i + \varepsilon) + b \geqslant 1, i = 1, 2, \cdots, l \qquad (2-28)$$

$$(\boldsymbol{w} \cdot \boldsymbol{x}_i) + \eta(y_i - \varepsilon) + b \leqslant -1, i = l+1, l+2, \cdots, 2l$$

式(2 - 28)最优化问题的解为$(\boldsymbol{w}^*, b^*, \eta^*)$,可得线性回归函数:

$$y = (\boldsymbol{w} \cdot \boldsymbol{x}) + b \qquad (2-29)$$

式中:$\boldsymbol{w} = -\dfrac{w^*}{n^*}, b = -\dfrac{b^*}{n^*}$。

若令 $\varepsilon^* = \varepsilon - \dfrac{1}{\eta^*}$,则最优化问题可转化为

$$\min \quad \frac{1}{2} \parallel \boldsymbol{w} \parallel^2$$

$$\text{s. t.} \quad \boldsymbol{w} \cdot \boldsymbol{x}_i + b - y_i \leqslant \varepsilon^*, i = 1, 2, \cdots, l \qquad (2-30)$$

$$y_i - \boldsymbol{w} \cdot \boldsymbol{x}_i - b \leqslant \varepsilon^*, i = 1, 2, \cdots, l$$

通常不直接求解上述最优化问题,而求解它的对偶问题:

$$\min \quad \frac{1}{2} \sum_{i=1}^{l} \sum_{j=1}^{l} (a_i - a_i^*)(a_j - a_j^*)(x_i \cdot x_j) + \varepsilon \sum_{i=1}^{l} (a_i + a_i^*)$$

$$- \sum_{i=1}^{l} y_i (a_i - a_i^*) \qquad (2-31)$$

$$\text{s. t} \quad \sum_{i=1}^{l} (a_i - a_i^*) = 0, a_i \geqslant 0, a_i^* \geqslant 0, i = 1, 2, \cdots, l$$

此时,需要解决的问题已经转化为一个不等式约束下的二次函数寻优的问题,寻找唯一解,若 $\boldsymbol{a}^{(*)} = (a_1, a_1^*, \cdots, a_l, a_l^*)$ 为最优解,则最后得到的回归函数(目标函数)为

$$f(x) = (\boldsymbol{w} \cdot \boldsymbol{x}) + b = \sum_{i=1}^{l} (a_i - a_i^*)(x_i \cdot x) + b^* \} \quad (2-32)$$

上述最优化问题的解的每一个分量 $(a_i - a_i^*)$ 都与一个样本点相对应。可见,式(2-32)确定最优分划平面仅依赖于那些 $(a_i - a_i^*)$ 不为零的样本点 (x_i, y_i),而与相应于 $(a_i - a_i^*)$ 为零的训练点无关。我们称 $(a_i - a_i^*)$ 不为零的样本点的输入 $\boldsymbol{x}_i$ 为支持向量(SV)。式(2-32)中的 b^* 是回归函数偏置,它可以用任何一个支持向量求得。

对于式(2-32),Vapnik 又将之称为"线性硬间隔 ε – 带支持向量回归机"[27]。

2)非线性软间隔 ε – 带超平面

与分类问类似,为了软化 ε – 带支持向量回归机的原始问题,同样为每个样本点 (x_i, y_i) 引入松弛变量 $\xi_i^{(*)} \geqslant 0$ 和惩罚参数 C,把约束条件放松为

$$-\varepsilon - \xi_i^* \leqslant (\boldsymbol{w} \cdot \boldsymbol{x}_i + b) - y_i \leqslant \varepsilon + \xi_i \quad (i = 1, 2, \cdots, l)$$
$$(2-33)$$

这样便得到了线性软间隔 ε – 带支持向量回归机的原始问题:

$$\min \quad \frac{1}{2} \| \boldsymbol{w} \|^2 + C \sum_{i=1}^{l} (\xi_i + \xi_i^*)$$

$$\text{s. t.} \quad \boldsymbol{w} \cdot \boldsymbol{x}_i + b - y_i \leqslant \varepsilon, i = 1, 2, \cdots, l \quad (2-34)$$

$$y_i - \boldsymbol{w} \cdot \boldsymbol{x}_i - b \leqslant \varepsilon, i = 1, 2, \cdots, l$$

$$\xi_i^{(*)} \geqslant 0, i = 1, 2, \cdots, l$$

通常不直接求解上述最优化问题,而求解它的对偶问题:

$$\min \quad \frac{1}{2}\sum_{i=1}^{l}\sum_{j=1}^{l}(a_i - a_i^*)(a_j - a_j^*)(x_i \cdot x_j) + \varepsilon \sum_{i=1}^{l}(a_i + a_i^*)$$

$$- \sum_{i=1}^{l} y_i(a_i - a_i^*) \qquad\qquad (2-35)$$

$$\text{s. t} \quad \sum_{i=1}^{l}(a_i - a_i^*) = 0, 0 \leqslant a_i, a_i^* \leqslant C, i = 1,2,\cdots,l$$

同时如果我们考虑将线性回归推广到非线性回归问题,对偶问题和决策函数对输入的依赖关系仅仅体现在内积上,所以与分类问题类似,利用这一特点,引入核函数 $K(\ ,\ )$,从而把上述线性回归方法推广到处理非线性回归问题,得到更常用的"非线性软间隔支持向量回归机",简称"支持向量回归机"。

令 $\lambda_i = a_i - a_i^*$,$i = 1,2,\cdots,l$。根据 KKT 条件对于每一对 a_i 和 a_i^* 最多只能有一个不为零,所以 $|\lambda_i| = a_i + a_i^*$。因此式(2-35)可以化为如下形式:

$$\min \quad \frac{1}{2}\sum_{i=1}^{l}\sum_{j=1}^{l}\lambda_i\lambda_j K(x_i,x_j) + \varepsilon\sum_{i=1}^{l}|\lambda_i| - \sum_{i=1}^{l}y_i\lambda_i$$

$$\qquad\qquad (2-36)$$

$$\text{s. t.} \quad \sum_{i=1}^{l}\lambda_i = 0, \quad -C \leqslant \lambda_i \leqslant C, \quad i = 1,2,\cdots,l$$

算法 2.2.1 支持向量回归机

(1)设已知训练集 $T = \{(x_1,y_1),\cdots,(x_l,y_l)\} \in (\chi \times y)^l$,其中 $x_i \in \chi = \mathbf{R}^n, y_i \in \mathbf{R}, i = 1,2,\cdots,l$;

(2)选择核函数 $K(x,x')$ 和惩罚参数 C,构造并求解最优化问题:

$$\min \quad \frac{1}{2}\sum_{i=1}^{l}\sum_{j=1}^{l}(a_i - a_i^*)(a_j - a_j^*)K(x_i,x_j) + \varepsilon\sum_{i=1}^{l}(a_i + a_i^*)$$

$$- \sum_{i=1}^{l} y_i(a_i - a_i^*) \qquad\qquad (2-37)$$

$$\text{s. t} \quad \sum_{i=1}^{l}(a_i - a_i^*) = 0, 0 \leqslant a_i, a_i^* \leqslant C, i = 1,2,\cdots,l$$

求得最优解 $\boldsymbol{a}^{(*)} = (a_1, a_1^*, \cdots, a_l, a_l^*)^{\mathrm{T}}$;

（3）选择 $a^{(*)}$ 的一个正分量 $0 < a_k < C, 0 < a_j^* < C$，并据此计算阈值：

$$b^* = y_i - \sum_{i=1}^{l} (a_i - a_i^*) K(x_i, x_k) + \varepsilon \text{ 或}$$

$$(2-38)$$

$$b^* = y_i - \sum_{i=1}^{l} (a_i - a_i^*) K(x_i, x_j) - \varepsilon$$

（4）构造分划超平面 $[w^* \cdot \Phi(x)] + b^* = 0$，求得回归决策函数：

$$f(x) = \sum_{i=1}^{l} (a_i - a_i^*) K(x_i, x) + b^* \qquad (2-39)$$

上述算法 2.2.1 由于包含了重要参数 ε，因此也称为 ε – 支持向量回归算法（简称为 ε – SVR 算法，常常简写为 SVR）。

2.2.2 SVR 模型推广于构造多分类器

对于多分类问题，给定一个多类样本集：$T_c = \{(x_1, y_1), \cdots, (x_l, y_l)\} \in (X \times Y)^l, x_i \in X = \mathbf{R}^n, y_i \in Y = \{1, 2, \cdots, N\}, i = 1, \cdots, l$。利用支持向量回归模型构造多分类器的思想如图 2 – 5 所示，根据式（2 – 36）建立的支持向量回归模型，得到回归估计函数 $f(x)$。对 $f(x)$ 作如下处理即可将回归函数 $f(x)$ 变换成分类判别函数 $g(x)$：

$$g(x) = C_M, |f(x) - M| \leq 0.5$$

式中：$M \in Y$；C_M 表示相应的类别。

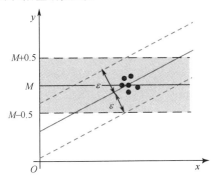

图 2 – 5 SVR 模型构造多分类器

2.3　支持向量机训练算法

由2.1节和2.2节可知,SVM(包括支持向量分类机和支持向量回归机)中核心的部分就是SVM训练过程即求解原始最优化问题,而通过求其对偶问题,SVM训练过程的算法实现可以归结为带有线性约束的凸二次规划问题的求解。

1998年,John C. Platt提出的序列最小最优化算法(Sequential Minimal Optimization,SMO)已成为SVM最常用的学习算法。这种算法是分解算法的一个特例,它相当于在每次迭代过程中只调整两个样本点,只求解具有两个变量的最优化问题。在子问题的规模和整个算法的迭代次数互为矛盾的前提下,SMO算法将工作集的规模减到最小,这样的一个直接后果就是迭代次数的增加。然而,算法的优点在于两个变量的最优化问题可以解析求解,因而在算法中不需要迭代地求解二次规划问题。它的每一个迭代步只选择两个变量进行调整,同时固定其他变量,通过求解最优化问题,得到关于这两个变量的最优值,然后用它们来改进相应的分量。与通常的分解算法比较,尽管它可能需要更多的迭代步,但是由于每步只需要计算很少的计算量,该算法常表现出整体的快速收敛性质。另外,该算法还具有其他的一些重要性质:如不需要把核矩阵存储在内存中,没有矩阵运算,容易实现等。下面简单介绍SMO算法的流程。

求解最优化问题式(2-14)或式(2-36)的SMO算法的简要步骤如下:

第1步:初始化$(a^{(*)})^0 = 0$,令$k = 0$;

第2步:选取优化变量$(a_i^{(*)})^k$,$(a_j^{(*)})^k$,对算法2.1.2(或算法2.2.1)中的最优化问题进行解析求解,关于这两个变量的最优化问题,得到最优解$(a_i^{(*)})^{k+1}$,$(a_j^{(*)})^{k+1}$,据此更新$a^{(*)}$得到$(a^{(*)})^{k+1}$;

第3步:若满足停机准则——KKT条件[48],则转第4步,否则转第2步;

其中,SVM的KKT条件:

对于分类模型:

40

$$y_j \left(\sum_{i=1}^{l} y_i a_i K(x_i, x_j) + b \right) \begin{cases} \geqslant 1, \{x_j \mid a_j = 0\} \\ = 1, \{x_j \mid 0 < a_j < C\} \quad (2-40) \\ \leqslant 1, \{x_j \mid a_j = C\} \end{cases}$$

对于回归模型:

$$\left| y_j - \sum_{i=1}^{l} (a_i - a_i^*) K(x_i, x_j) + b \right| \begin{cases} < \varepsilon, \{x_j \mid \mid a_j - a_j^* \mid = 0\} \\ = \varepsilon, \{x_j \mid 0 < \mid a_j - a_j^* \mid < C\} \\ > \varepsilon, \{x_j \mid \mid a_j - a_j^* \mid = C\} \end{cases}$$

$$(2-41)$$

第 4 步:取近似解 $\boldsymbol{a}^* = (\boldsymbol{a}^{(*)})^{k+1}$。

算法的详细流程图如图 2-6 所示。

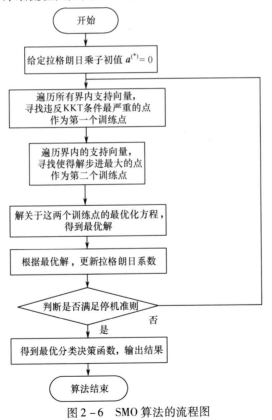

图 2-6 SMO 算法的流程图

第3章

支持向量分类模型研究

第 2 章简要介绍了 SVM 的基本理论,给出了 SVM 最广泛应用的两个模型:支持向量分类机(SVC)和支持向量回归机(SVR),并介绍了传统 SVM 的训练算法——SMO 算法。从模型的介绍中可以看出,目前 SVM 的应用还面临重要的问题,如模型参数的选取,SMO 算法的训练模型精度和速度也是 SVM 应用的瓶颈。

针对上述问题,本章首先对 SVC 模型 SMO 算法进行了改进,并提出了 SVC 模型的参数选取方法。通过分析传统 SMO 算法的不足,从直接逼近目标函数最小值的角度改进了原始方法中两个训练点的选取算法;然后研究了高斯核函数的尺度参数和惩罚因子的选取问题;最后利用 UCI 数据库对算法进行了验证。

3.1 概　　述

3.1.1 SVC 算法流程

SVC 算法是使用一批训练集(类标号已知)进行训练,得到训练模型(支持向量分类函数),然后就可以使用分类函数对新加入的测试集数据(类标号未知)进行类别归属的判断。我们称这两个步骤分别为 SVC 训练过程和分类辨识过程。下面以两类分类问题为例介绍 SVC 算法的原理。

1) SVC 训练过程

SVC 训练过程就是针对训练集 $T = \{(x_1, y_1), \cdots, (x_l, y_l)\} \in (\chi \times$

$y)^l$,其中 $x_i \in \chi = \mathbf{R}^n$，$y_i \in y = \{-1, 1\}$，$i = 1, 2, \cdots, l$，选择核函数 $K(x, x')$ 和惩罚参数 C，构造并求解最优化问题：

$$\min_a \quad W = \frac{1}{2} \sum_{i=1}^{l} \sum_{j=1}^{l} y_i y_j a_i a_j K(x_i, x_j) - \sum_{j=1}^{l} a_j \tag{3-1}$$

$$\text{s. t.} \quad \sum_{i=1}^{l} y_i a_i = 0, \quad 0 \leqslant a_i \leqslant C, i = 1, 2, \cdots, l$$

得最优解 $\boldsymbol{a}^* = (a_1^*, \cdots, a_l^*)^{\mathrm{T}}$；然后选择 $\boldsymbol{a}^*$ 的一个正分量 a_j^* $(0 < a_j^* < C)$，并据此计算阈值 $b^* = y_i - \sum_{i=1}^{l} y_i a_i^* K(x_i, y_j)$，由此得到决策函数：

$$f(x) = \text{sgn}\left(\sum_{i=1}^{l} y_i a_i^* K(x_i, x) + b^* \right) \tag{3-2}$$

2）分类辨识过程

分类辨识过程是根据上一步得到的训练模型来对测试数据的类标号进行判断。对于两类分类问题，具体来讲，若存在测试数据 x'，就是使用决策函数式（3-2）求得 $f(x')$ 值，若 $f(x') = 1$，则 x' 属于正类；若 $f(x') = -1$，则 x' 属于负类。

3.1.2 待解决的问题

1）SMO 算法的精度和收敛速度

2.3 节的图 2-6 介绍了 SMO 算法的流程，从算法中可以看出两个训练点的选取直接影响算法的精度以及收敛速度，通常 SMO 算法中通过 2 步来实现训练点的选取：首先，从违反 KKT 条件的点中选出第一个训练点；其次选择能使解的步进最大化的点作为第二个训练点。

这种选取训练点方法的主要不足有：当有多个违反 KKT 条件的点时，没有给出如何选取的原则，只能通过计算搜索合适的训练点；另外该方法在选择第二个训练点时是选择使其对应的变化最明显的点作为训练点，但是求解的最终的目的是使得目标函数达到最小，因此该选择方法意义不明确。

2）高斯核函数参数的确定

核函数的作用是将样本映射到一个特征空间，在特征空间中构造分类面进行分类。从高斯核函数的表达式可以看出：一方面，当高斯核函数的参数过小,所有样本在特征空间中的距离都很接近,造成在分类时每个点都很重要,所以就会导致几乎所有的样本都成为支持向量,这样得到的分类机对原始训练样本的经验风险很小,但是这样的分类机几乎没有范化能力;另一方面,当高斯核函数参数过大,样本在特征空间中瘫痪为一点,这样训练的结果虽然范化能力很强,但是错误率很高,由此得到的分类机几乎没有用处。由此可以看出,选取合适 σ 对 SVM 性能起着重要的作用,同时也说明存在一个合适的核函数尺度 σ^*,使得在特征空间中很好的保留了原有样本集的结构。

3) 惩罚因子的选取

其中的参数 C 起了重要的作用。C 越大,对训练集上的识别错误数越敏感,错误数越少,但泛化能力下降;C 越小则情况相反。通过调节 C,能在泛化能力与训练误差之间进行平衡,因子 C 实质上是对经验风险和表达能力如何匹配的一个裁决。

3.2 SVC 的 SMO 算法实现

1) 子问题的解析求解

首先介绍 SVC 的 SMO 算法中两个变量的最优化子问题的求解过程。假定在某次迭代过程选择的待求解的两个训练点为 (x_u, y_u) 和 (x_v, y_v),简记 $k_{ij} = K(x_i, x_j)$,则式(3-1)的目标函数记为

$$
\begin{aligned}
W(a_u, a_v) &= \frac{1}{2} \sum_{i=1}^{l} \sum_{j=0}^{l} y_i y_j a_i a_j k_{ij} - \sum_{i=1}^{l} a_i \\
&= \frac{1}{2} a_u^2 k_{uu} + \frac{1}{2} a_v^2 k_{vv} + y_u y_v a_u a_v k_{uv} - (a_u + a_v) + \\
&\quad a_u \left(\sum_{i \neq u, v}^{l} y_i a_i k_{ui} \right) + a_v \left(\sum_{i \neq u, v}^{l} y_i a_i k_{vi} \right) + W_C \quad (3-3)
\end{aligned}
$$

式中:W_C 为与 a_u,a_v 无关的项。

假设上述问题的前一次迭代 a_u 和 a_v 的值分别为 a_u^{old} 和 a_v^{old},考虑线性约束关系 $\sum_{i=1}^{l} y_i a_i = 0$ 则两个变量的新值满足 $y_u a_u^{\text{old}} + y_v a_v^{\text{old}} = y_u a_u + y_v a_v$ 且 $0 \leq a_u, a_v \leq C$,这样式(3-2)的目标函数的自变量就被限制在平

面的一个线段上，二维的最优化问题变成了一维问题，从而可以解析求解。若对式(3-3)目标函数求 a_v 的偏导：

$$\frac{\partial W(a_v)}{\partial a_v} = a_v k_{vv} + y_u y_v a_u k_{uv} + \left(\sum_{i \neq u,v}^{l} y_i a_i k_{vi}\right) - 1 \qquad (3-4)$$

将 $a_u = a_u^{old} + y_u y_v a_v^{old} - y_u y_v a_v$ 代入式(3-4)，并令式(3-4)为零，则 a_v 的解析解由式(3-5)得到

$$a_v^{new,unc} = a_v^{old} + \frac{y_v (E_u - E_v)}{k} \qquad (3-5)$$

式中：$E_h = g(x_h) - y_h = \left(\sum_{p=1}^{l} a_p y_p K(x_p, x_h) + b\right) - y_h, h = u、v。$

$k = K(x_u, x_u) + K(x_v, x_v) - 2K(x_u, x_v) = \| \Phi(x_u) - \Phi(x_v) \|^2$

根据约束条件 $0 \leqslant a_v \leqslant C$ 对其作如下修正：

$$a_v = \begin{cases} V, & a_v^{new,unc} > V \\ a_v^{new,unc}, & U \leqslant a_v^{new,unc} \leqslant V \\ U, & a_v^{new,unc} < U \end{cases} \qquad (3-6)$$

其中 $U、V$ 的表达式为

$$\begin{cases} y_u = y_v \begin{cases} U = \max(0, a_u^{old} + a_v^{old} - C) \\ V = \min(C, a_u^{old} + a_v^{old}) \end{cases} \\ y_u \neq y_v \begin{cases} U = \max(0, a_u^{old} - a_v^{old}) \\ V = \min(C, C + a_u^{old} - a_v^{old}) \end{cases} \end{cases} \qquad (3-7)$$

最后由 a_v 的解析解以及约束关系可以由式(3-8)得到

$$a_u = a_u^{old} + y_u y_v (a_v^{old} - a_v) \qquad (3-8)$$

2）两个训练点的选取

在此，针对传统 SMO 算法选取两个训练点的不足，从直接逼近目标函数最小值的角度提出了一种新的选取训练点的方法。

（1）第一个训练点的选取。对于一个目标函数，梯度分量的绝对值越大，则目标函数在该梯度方向上随变量的变化量也越大，因此先对目标函数求各个分量的梯度。

分类问题式(3-3)的目标函数的各个分量梯度为

$$\frac{\partial W}{\partial a_i} = f_i - y_i - b \qquad (3-9)$$

式中:$f_i = \sum_{p=1}^{l} y_p a_p K(x_p, x_i) + b$。

从违反 KKT 条件的样本中选择梯度分量绝对值最大的样本为第一个训练点。

(2)第二个训练点的选取。训练的最终目的是找到使得目标函数取得最小值所对应的量,所以本书采用使目标函数下降最大的原则来选取第二个训练点,假定第一个优化分量为 a_u,则根据式(3-10)求各个分量对目标函数的变化量。

分类问题各个分量对目标函数的变化量为

$$\Delta W_j = \Delta a_u y_u (f_u^{\text{old}} - b^{\text{old}}) + \Delta a_j y_j (f_j^{\text{old}} - b^{\text{old}})$$
$$+ \frac{1}{2} \Delta a_u^2 y_u^2 k_{uu} + \frac{1}{2} \Delta a_j^2 y_j^2 k_{jj} + \Delta a_u y_u a_j y_j k_{uj}$$
$$- \Delta a_u - \Delta a_j \qquad (3-10)$$

式中:$\Delta a_u = a_u - a_u^{\text{old}}$。

(3)计算量的降低。从上述两个训练点选择的过程可以看出,如果每次训练后更新并存储 f_i 的值,可以减少在选取训练点时的计算量,同时用以判断 KKT 条件。而要更新 f_i,首先需要更新阈值 b。

① 阈值 b 的更新。若 $0 < a_u < C$,则有

$$b^u = y_u - f_u^{\text{old}} + \Delta a_u y_u k_{uu} + \Delta a_v y_v k_{uv} + b^{\text{old}} \qquad (3-11)$$

若 $0 < a_v < C$,则有

$$b^v = y_v - f_v^{\text{old}} + \Delta a_v y_v k_{vv} + \Delta a_u y_u k_{uv} + b^{\text{old}} \qquad (3-12)$$

如果同时有 $0 < a_u < C$ 和 $0 < a_v < C$,则取 b^u 和 b^v 的均值。

② f_i 的更新。每次在对变量 λ_u 和 λ_v 训练结束后根据式(3-13)更新并存储 f_i:

$$f_i = f_i^{\text{old}} - y_i + \Delta a_u y_u k_{ui} + \Delta a_v y_v k_{vi} + b - b^{\text{old}} \qquad (3-13)$$

3.3　SVC 的参数选取

模型的选取问题是 SVC 的核心问题,即如何调节它的参数,使其

46

获得好的性能,目前这个问题已经引起了越来越多的研究者的关注。本小节主要研究基于高斯核的 SVC 的参数确定方法,包括高斯核函数尺度参数、不敏感损失参数和惩罚因子。

搜索算法是一种重要的参数获取方法,该类方法在参数空间内以一定的尺度进行搜索,从而找到合适的参数。此种方法的有效性建立在两个因素的基础上:在参数的解空间内进行搜索;网格的尺度合理。此种方法的局限性是计算量大并且耗时,因此有很多研究者致力于应用进化技术来提高网格搜索的效率,如模拟退火算法、粒子群优化算法、遗传算法、蚁群算法等。

由于核函数的尺度参数 σ 是由训练集本身的数据特点决定的,它的值将影响惩罚因子 C 的选取。因此首先研究核函数的尺度参数的选取,然后再根据其确定惩罚因子。在确定单个参数的过程中是在一维空间进行搜索,避免了直接进行网格搜索时计算大,以及两个参数相互影响的弊端。

3.3.1 高斯核参数 σ

对于径向基核函数,经 Φ 映射后的样本在特征空间中的距离为

$$|\Phi(x) - \Phi(x')| = \sqrt{2\left(1 - e^{-\frac{\|x-x'\|}{2\sigma^2}}\right)} \qquad (3-14)$$

从式(3-14)中也可以看出 σ 过小($\sigma \rightarrow 0$)时,所有样本在特征空间中的距离都接近 $\sqrt{2}$,造成在分类时每个点都很重要,所以就会导致几乎所有的样本都成为支持向量。这样得到的分类机对原始训练样本的经验风险很小,但是这样的分类机几乎没有范化能力。另外,$|\Phi(x) - \Phi(x')| \rightarrow 0, \sigma \rightarrow \infty$,所以 σ 过大,样本在特征空间中瘫痪为一点,这样训练的结果虽然范化能力很强,但是错误率很高,由此得到的分类机几乎没有用处。

从上面的讨论可以看出,选取合适的 σ 对 SVM 性能起着重要的作用,同时也说明存在一个合适的核函数尺度 σ^*,使得在特征空间中很好的保留了原有样本集的结构。

通过上述分析,我们可以把选取核函数尺度的问题,看作模式识别问题中的参数选取问题,对于两类样本:

$$\{x_i^+, i=1, \cdots, N_1\}, \{x_j^-, j=1, \cdots, N_2\} \qquad (3-15)$$

经过映射 $\boldsymbol{\Phi}$ 在特征空间中样本为

$$\{\boldsymbol{\Phi}(x_i^+), i=1, \cdots, N_1\}, \{\boldsymbol{\Phi}(x_j^-), j=1, \cdots, N_2\} \qquad (3-16)$$

两类样本的中心点分别为

$$m^+ = \frac{1}{N_1}\sum_{i=1}^{N_1}\boldsymbol{\Phi}(x_i^+), m^- = \frac{1}{N_2}\sum_{j=1}^{N_2}\boldsymbol{\Phi}(x_j^-) \qquad (3-17)$$

则两类样本中心点的距离为

$$\begin{aligned}
\| m^+ - m^- \|^2 &= (m^+ - m^-)^{\mathrm{T}}(m^+ - m^-) \\
&= \frac{1}{N_1^2}\sum_{i=1}^{N_1}\sum_{j=1}^{N_1}K(x_i^+, x_j^+) + \frac{1}{N_2^2}\sum_{i=1}^{N_2}\sum_{j=1}^{N_2}K(x_i^-, x_j^-) \\
&\quad - \frac{2}{N_1 N_2}\sum_{i=1}^{N_1}\sum_{j=1}^{N_2}K(x_i^+, x_j^-)
\end{aligned} \qquad (3-18)$$

两类样本中所有点与中心点的距离之和分别为

$$s_+^2 = \sum_{i=1}^{N_1} \| \boldsymbol{\Phi}(x_i^+) - m^+ \|^2 = N_1 - \frac{1}{N_1}\sum_{i=1}^{N_1}\sum_{j=1}^{N_1}K(x_i^+, x_j^+)$$

$$(3-19)$$

$$s_-^2 = \sum_{i=1}^{N_2} \| \boldsymbol{\Phi}(x_i^-) - m_2 \|^2 = N_2 - \frac{1}{N_2}\sum_{i=1}^{N_2}\sum_{j=1}^{N_2}K(x_i^-, x_j^-)$$

$$(3-20)$$

因为在样本映射的特征空间中,我们希望同类样本之间的距离尽可能小,而不同类样本之间的距离尽可能大,因此选取 Fisher 判别函数[49,50]作为判别依据:

$$f(\sigma) = \frac{s_+^2 + s_-^2}{\| m^+ - m^- \|^2} \qquad (3-21)$$

从 $f(\sigma)$ 的意义可以看出,最优的 σ 值应该使得 $f(\sigma)$ 取得最小值。但是 $\sigma \to \infty, f(\sigma) \to 0$,所以若选 $f(\sigma)$ 取最小值为标准,则很可能造成取得的 σ 值比较大,因此利用 $f(\sigma)$ 随 σ 的变化特点选择一个范围作为 σ 的取值区间。

因为 $\sigma \to 0, f(\sigma) \to \infty$; $\sigma \to \infty, f(\sigma) \to 0$,所以在 σ 由 $0 \to \infty$ 的过程

中,初始时 $f(\sigma)$ 下降很快;当 σ 大于某值 σ' 后,$f(\sigma)$ 下降变慢进入收敛过程。因此,可以以 $f(\sigma)$ 的下降速度,即 $\dfrac{\Delta f(\sigma)}{f(\sigma)} = \dfrac{f(\sigma - \Delta) - f(\sigma)}{f(\sigma)}$ 来确定合适的 σ 取值范围。由此我们得到下列高斯核函数参数的选取算法。

算法 3.3.1

(1) 设 $\sigma = \sigma_0$,计算 $f(\sigma)$;

(2) $\sigma = \sigma + \Delta\sigma$,计算 $f(\sigma)$;

(3) 若 $\dfrac{\Delta f}{f} < a$,则 $\sigma_1 = \sigma$,转至步骤(4),否则转至步骤(2);

(4) $\sigma = \sigma_1 + \Delta\sigma$,计算 $f(\sigma)$;

(5) 若 $\dfrac{\Delta f}{f} < \beta$,则 $\sigma_2 = \sigma$,结束,否则转至步骤(4)。

则 σ 最优值的 σ^* 包含在通过上述算法得到的 $[\sigma_1, \sigma_2]$ 中。

3.3.2 惩罚因子 C

惩罚因子 C 的大小直接影响了分类面的间隔。C 越小,分类间隔越大,从而泛化能力比较强,但是分类精度比较低;C 越大,分类间隔越小,因此分类精度提高,但是泛化能力降低。因此选取 C 的思路是,首先给定一个比较小的值 C_0,然后以一定的步长增加 C_0 的值,直到达到最优值。因此需要解决 2 个问题:搜索步长的选取以及最优值的判定。

1) C 的搜索步长的选取

根据 KKT 条件:

$$y_i\left(\sum_{j=1}^{l} a_j y_j K(x_i, x_j) + b\right) \begin{cases} \geq 1, & \{x_i \mid a_i = 0\} \\ = 1, & \{x_i \mid 0 < a_i < C\} \quad (3-22) \\ \leq 1, & \{x_i \mid a_i = C\} \end{cases}$$

若 $a_i = C$,此时 $y_i(\boldsymbol{w} \cdot x_i + b) \leq 1$,意味着第 i 个样本点位于 $y(\boldsymbol{w} \cdot \boldsymbol{x} + b) = 1$(即 H_1 面)的下方,如图 3-1 所示。若该点在 H 和 H_1 之间,则未被错分;若该点在 H 下方,则被错分。也就是说对于 $a_i = C$ 的点,有可能错分。因此为了提高分类的正确率,应该尽量减少 $a_i = C$ 的点。

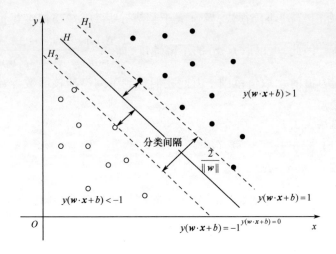

图 3 - 1 SVM 示意图

另外,在利用 SMO 算法进行训练时,有

$$a_i^{\mathrm{new,unc}} = a_i^{\mathrm{old}} + \frac{y_i(E_j - E_i)}{k} \tag{3-23}$$

式中: $E_h = g(x_h) - y_h = \left(\displaystyle\sum_{p=1}^{l} a_p y_p K(x_p, x_h) + b \right) - y_h, h = i,j; k = K(x_i, x_i) + K(x_j, x_j) - 2K(x_i, x_j) = \parallel \Phi(x_i) - \Phi(x_j) \parallel^2$。

根据约束条件 $0 \leqslant a_i \leqslant C$ 对其作如下修正:

$$a_i^{\mathrm{new}} = \begin{cases} V, & a_i^{\mathrm{new,unc}} > V \\ a_i^{\mathrm{new,unc}}, & U \leqslant a_i^{\mathrm{new,unc}} \leqslant V \\ U, & a_i^{\mathrm{new,unc}} < U \end{cases} \tag{3-24}$$

其中 U、V 的表达式为

$$\begin{cases} y_i = y_j \begin{cases} U = \max(0, a_i^{\mathrm{old}} + a_j^{\mathrm{old}} - C) \\ V = \min(C, a_i^{\mathrm{old}} + a_j^{\mathrm{old}}) \end{cases} \\ y_i \neq y_j \begin{cases} U = \max(0, a_i^{\mathrm{old}} - a_j^{\mathrm{old}}) \\ V = \min(C, C + a_i^{\mathrm{old}} - a_j^{\mathrm{old}}) \end{cases} \end{cases} \tag{3-25}$$

从式(3-25)可以看出,如果 C 选择的偏小,就会人为增加 $a_i = C$ 的点的数量。

根据上述分析,在利用 SMO 算法训练时,记下所有 $a_i^{\text{new,unc}} > C$ 的值,并求平均值作为 C 的搜索步长,每次 SMO 训练后根据式(3-26)得到新的 C' 的值:

$$C' = C + \frac{1}{|\Theta|} \sum_{i \in \Theta} (a_i^{\text{new,unc}} - C) \qquad (3-26)$$

式中: $\Theta = \{a_i^{\text{new,unc}} : a_i^{\text{new,unc}} > C\}$ 。

2) C 的最优判定条件

对于不可分的数据,即两类数据有交叉点,那 C 无论怎么增大,每次训练都会存在 $a_i^{\text{new,unc}} > C$ 。因此可以以 C 的收敛性以及 $a_i^{\text{new,unc}} > C$ 的比例小于某个阀值为得到最优的 C 的条件,即以收敛性 $|C' - C| < \varepsilon$ 或者 $|\Theta|/l < R_C$ 作为搜索结束条件(其中 ε 为给定精度、R_C 为给定的比例精度,$|\Theta|/l$ 为 $a_i^{\text{new,unc}} > C$ 数量与数据集总数量之比)。以 $|\Theta|/l < R_C$ 作为一个条件,表明了在某些情况下为了使得模型有一定的推广能力,允许适当的降低模型的精度,这就正好体现了 SVM 兼顾经验风险和泛化能力的特点。

算法 3.3.2 惩罚因子 C 的选取算法

(1) 给定足够小的初始惩罚因子 C_0、精度 ε、R_C,令 $C^{\text{current}} = C_0$;

(2) 对训练集进行 SMO 训练,并记录在当前 C^{current} 下子优化问题求解析解过程中的集合 $\Lambda = \{a_i^{\text{new,unc}} : a_i^{\text{new,unc}} > C^{\text{current}}\}$;

(3) 根据式(3-24)更新 C^{new},即

$$C^{\text{new}} = C^{\text{current}} + \frac{1}{|\Lambda|} \sum_{i \in \Lambda} (a_i^{\text{new,unc}} - C^{\text{current}})$$

(4) 若满足 $|C^{\text{new}} - C^{\text{current}}| < \varepsilon$ 或 $|\Lambda|/l < R_C$,则算法结束,取 C^{new} 为最优惩罚因子 C;否则令 $C^{\text{current}} = C^{\text{new}}$,转至步骤(2),直到满足条件结束。

3.4 实 验 分 析

本节所用的实验数据来自 UCI 数据库,见表 3-1。

表 3 – 1　UCI 分类数据

数据名称	属性	点数	类别
Iris	4	150	3
Wine	13	178	3
Diagnosis	7	120	2
Breast – Cancer	9	683	2

为了降低个别数值变化范围较大的属性或者数据对训练结果的影响,本书均对实验数据做了尺度变化,将数据映射到[0,1]范围内。以下的所有实验中,均取 50% 的数据作为训练,50% 的数据作为测试。算法 3.3.1 参数分别取值为 $\alpha = 0.05$ 和 $\beta = 0.01$;算法 3.3.2 参数分别取值为 $\varepsilon = 0.01$ 和 $R_C = 0.05$。

实验 1　高斯核参数 σ 与惩罚因子 C 的关系

分别取 Iris 和 Wine 数据的其中两类数据,对算法的合理性和有效性进行了分析。

(1) 分析 $f(\sigma)$ 的特点。计算 Iris 和 Wine 数据的判别函数 $f(\sigma)$ 随 σ 的变化,如图 3 –2 中(a)和(b)所示。由图 3 –2 可以看出当 σ 比较小($\sigma < \sigma_1$)时,$f(\sigma)$ 下降的比较快,当 σ 比较大($\sigma > \sigma_2$)时,$f(\sigma)$ 的变化率变得很小,与 3.3.1 节分析的结果相一致。从另一个方面说明了算法 3.3.1 的合理性。

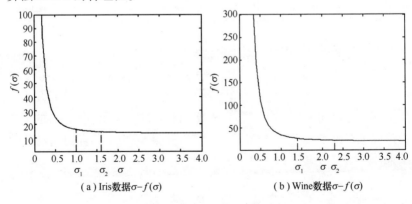

(a) Iris数据σ-$f(\sigma)$　　　　(b) Wine数据σ-$f(\sigma)$

图 3 –2　σ –$f(\sigma)$ 关系图

(2) 分析 C 与 σ 的关系。在已知 σ 的情况下,利用算法 3.3.2 得

到惩罚因子 C 的值,结果如图 3－3 所示。由图 3－3 可以看出,随着 σ 的增加,C 的值也在增加。也就是说随着样本点在特征空间的距离的减小,为了提高分类的准确率,分类平面的间隔在减小。这也说明了 C 的值与 σ 有密切的关系,从而说明了我们采取先确定 σ 的值,然后再确定 C 的值的这种启发式策略的合理性。

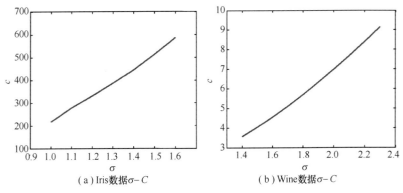

（a）Iris数据$\sigma-C$　　　　　　　　（b）Wine数据$\sigma-C$

图 3－3 $\sigma-C$ 关系图

（3）验证利用本章中提出的算法可以找到最优的 σ 和 C 的值,从而验证算法的有效性。利用穷举法搜索 σ 和 C 的最优范围,结果如图 3－4所示。图 3－4(a)和(b)分别是 Iris 和 Wine 数据的分类错误率随 σ 和 C 的变化,黑色区域代表错误率比较小时 σ 和 C 的取值区域。(c)和(d)分别是 Iris 和 Wine 数据的支持向量的百分比随 σ 和 C 的变化,黑色区域代表支持向量占训练集的比例比较小时 σ 和 C 的取值区域。

从结果可以看出:

（1）当 σ 很小时,分类错误率以及支持向量的比例都比较高。随着 σ 的增加,分类错误率以及支持向量的比例会逐渐降低,当 σ 达到某一值后,随着 σ 的增加,分类错误率以及支持向量的比例的变化就变得不明显。

（2）对于一确定的 σ,当 C 达到某值后,随着 C 的增加,分类错误率以及支持向量的比例的变化率都很小。

（3）利用算法 3.3.1,得到核函数参数范围分别为 $\sigma_{Iris} \in [1, 1.6]$ 和 $\sigma_{Wine} \in [1.4, 2.3]$,其中 σ_{Iris} 和 σ_{Wine} 分别为 Iris 和 Wine 数据的核函

数参数。利用算法 3.3.2 得到的计算对应的惩罚因子分别为 $C_{Iris} \in$ [217.19,587.09] 和 $C_{Wine} \in$ [3.55,9.14]。上述区域与图 3 – 4 中的黑色区域存在相交的区域,如图 3 – 5 所示。所以说明通过算法 3.3.1 和算法 3.3.2 提出的算法,可以找到最优的 σ 和 C 的值。

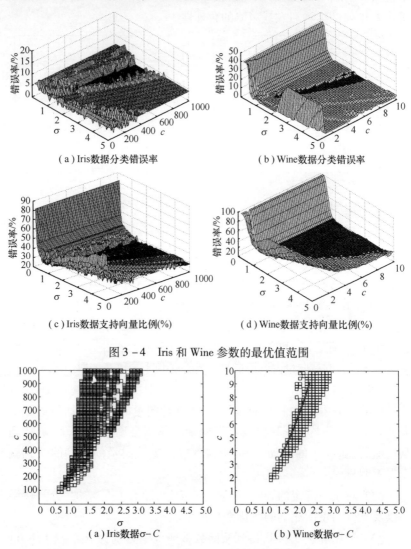

(a) Iris数据分类错误率　　　　　　(b) Wine数据分类错误率

(c) Iris数据支持向量比例(%)　　　(d) Wine数据支持向量比例(%)

图 3 – 4　Iris 和 Wine 参数的最优值范围

(a) Iris数据σ-C　　　　　　　(b) Wine数据σ-C

图 3 – 5　Iris 和 Wine 数据的参数值

实验 2 多组数据分类结果

本实验应用本章算法对表 3 - 1 中的多组数据进行了验证,如表 3 - 2 所列,分类结果表明建立的支持向量分类模型很好地控制支持了向量样本比例和分类错误率,进一步验证了算法的实际应用效果。

表 3 - 2 多组数据分类结果

数据	σ	C	SV/%	ER/%
Iris(1、2 类)	[1.1,1.8]	[2.62,5.94]	12 ~ 14	0
Iris(1、3 类)	[1.4,2.3]	[1.44,3.97]	10 ~ 16	0
Iris(2、3 类)	[1.0,1.6]	[217.19,587.09]	26 ~ 28	2
Wine(1、2 类)	[1.3,2.1]	[5.38,12.97]	23 ~ 27	0 ~ 1.6
Wine(1、3 类)	[1.5,2.4]	[1.40,3.84]	15 ~ 20	0
Wine(2、3 类)	[1.4,2.3]	[3.55,9.14]	18 ~ 22	1.7
Diagnosis	[1.3,2.5]	[0.79,1.98]	17 ~ 23	0
Breast ~ Cancer	[1.7,3.0]	[1.63,4.25]	6 ~ 8	3.8 ~ 4.1

第4章

支持向量回归模型研究

第3章重点研究了 SVC 的建模问题。对于 SVR 也需要解决模型参数选取以及训练问题。由于用于回归的数据没有决策属性,因此 SVR 中的参数选取及训练方法与 SVC 有很大差别。同时 SVR 的建模更为复杂,首先在利用 SMO 算法训练时需要求解的变量个数变为 4 个,另外需要确定的参数除了高斯核函数的尺度参数 σ、惩罚因子 C 外,还需要确定不敏感损失因子 ε。

针对上述问题,本章首先对 SVR 中 SMO 算法子问题进行了变量代换,得到了子问题的解析表达式。利用竞争聚类的方法选取高斯核函数;并根据惩罚因子的作用给出其下限;采用二次训练的方法估计样本噪声的方差,继而确定不敏感损失参数。最后利用 UCI 数据库以及标准函数对算法进行了验证。

4.1 概　　述

4.1.1 SVR 算法流程

SVR 算法是使用一批训练集进行 SVM 训练,得到回归模型(支持向量回归机),然后就可以使用模型对新加入的测试集数据回归。下面介绍 ε – SVR 算法的原理。

对给定的回归训练集 $T = \{(x_1, y_1), \cdots, (x_l, y_l)\} \in (\chi \times y)^l$,其中 $x_i \in \chi = \mathbf{R}^n, y_i \in y = \mathbf{R}, i = 1, 2, \cdots, l$,选择核函数 $K(x, x')$、惩罚参数 C 和不敏感损失参数 ε,构造并求解如下最优化问题:

$$\min \quad \frac{1}{2}\sum_{i=1}^{l}\sum_{j=1}^{l}(a_i - a_i^*)(a_j - a_j^*)(x_i \cdot x_j) + \varepsilon\sum_{i=1}^{l}(a_i + a_i^*)$$

$$- \sum_{i=1}^{l} y_i(a_i - a_i^*) \qquad\qquad (4-1)$$

$$\text{s. t} \quad \sum_{i=1}^{l}(a_i - a_i^*) = 0, 0 \leqslant a_i, a_i^* \leqslant C, i = 1, 2, \cdots, l$$

得最优解 $\boldsymbol{a}^{(*)} = (a_1, \cdots, a_l, a_1^*, \cdots, a_l^*)^{\mathrm{T}}$;然后选择 $\boldsymbol{a}^{(*)}$ 的一个正分量 a_j 或 $a_k^*, 0 < a_j < C$ 或 $0 < a_k^* < C$,并据此计算阈值 $b^* = y_j - \sum_{i=1}^{l}(a_i - a_i^*)K(x_i, x_j) - \varepsilon$ 或 $b^* = y_k - \sum_{i=1}^{l}(a_i - a_i^*)K(x_i, x_k) + \varepsilon$,由此得到回归决策函数,即

$$f(x) = \sum_{i=1}^{l}(a_i - a_i^*)K(x_i, x) + b^* \qquad (4-2)$$

4.1.2 待解决的问题

1) SMO 算法子问题的解析求解以及算法的速度和精度

从式(4-1)可以看出,SVR 的最优化问题 SMO 算法子问题的求解中涉及 4 个变量,在解析求解时难度加大,通常采用分不同的情况对其进行判断,但这样会造成容易漏掉特殊情况,从而不能得到精确的解析解。

另外,传统回归问题 SMO 算法选取训练点的方法与分类问题也有同样的不足:当有多个违反 KKT 条件的点时,没有给出如何选取的原则,只能通过计算搜索合适的训练点;另外该方法在选择第二个训练点时是选择使其对应的变化最明显的点作为训练点,但是求解的最终的目的是使得目标函数达到最小,因此该选择方法意义不明确,很可能会造成在训练过程中目标函数增大。

2) 高斯核参数的确定

核函数的作用是将样本映射到一个特征空间,在特征空间中构造回归函数。从高斯核函数的表达式可以看出:一方面,当高斯核函数的参数过小,所有样本在特征空间中的距离都很接近,造成回归曲线在小范围出现过拟合的情况,这样得到的回归机对原始训练样本的经验风

险很小,但是几乎没有范化能力;另一方面,当高斯核函数参数过大,样本在特征空间中瘫痪为一点,这样训练的结果虽然范化能力很强,但是回归函数过于平滑,由此得到的回归函数几乎没有用处。由此可以看出,选取合适的 σ 对 SVM 性能起着重要的作用,同时也说明存在一个合适的核函数尺度 σ^*,使得在特征空间中很好的保留了原有样本集的结构。

3)惩罚因子 C 的选取

由于在回归模型中,支持向量样本的比例由不敏感损失参数决定,而高斯核参数又决定了映射空间的特点,因此惩罚因子的选取只需要保证能使回归函数达到样本集的最大绝对值即可。为了保证能得到正确的回归函数,必须获得惩罚因子选取范围的下限。

4)不敏感损失参数 ε 确定

不敏感损失因子决定了回归模型中支持向量样本的比例,也就间接协调了回归函数的经验风险和泛化能力。当不敏感损失因子与样本噪声成一定比例关系时,这时候的支持向量回归模型很好地兼顾了经验风险和泛化能力,因此如何估计样本噪声是选取不敏感损失参数的关键。

4.2　SVR 的 SMO 算法实现

为了便于说明,根据 SVR 算法中待求变量的约束关系,令 $\lambda_i = a_i - a_i^*$,则 $|\lambda_i| = a_i + a_i^*$,将式(4-1)改写为

$$\min \quad W = \frac{1}{2}\sum_{i=1}^{l}\sum_{j=0}^{l}\lambda_i\lambda_j K(x_i,x_j) + \varepsilon\sum_{i=1}^{l}|\lambda_i| - \sum_{i=1}^{l}y_i\lambda_i$$

$$\text{s. t.} \quad \sum_{i=1}^{l}\lambda_i = 0, \quad -C \leq \lambda_i \leq C, \quad i = 1,2,\cdots,l \tag{4-3}$$

1)子问题的解析求解

首先介绍 SMO 算法中两个变量的最优化子问题的求解过程。假定在某次迭代过程选择的待求解的两个训练点为 (x_u,y_u) 和 (x_v,y_v),简记 $k_{ij} = K(x_i,x_j)$,则式(4-3)的目标函数记为

58

$$W(\lambda_u, \lambda_v) = \frac{1}{2} \sum_{i=1}^{l} \sum_{j=0}^{l} \lambda_i \lambda_j k_{ij} + \varepsilon \sum_{i=1}^{l} |\lambda_i| - \sum_{i=1}^{l} y_i \lambda_i$$

$$= \varepsilon |\lambda_u| + \varepsilon |\lambda_v| - y_u \lambda_u - y_v \lambda_v + \frac{1}{2} \lambda_u^2 k_{uu} + \frac{1}{2} \lambda_v^2 k_{vv}$$

$$+ \lambda_u \lambda_v k_{uv} + \lambda_u \left(\sum_{i \neq u,v}^{l} \lambda_i k_{ui} \right) + \lambda_v \left(\sum_{i \neq u,v}^{l} \lambda_i k_{vi} \right) + W_C$$

$$(4-4)$$

式中:W_C 为与 λ_u,λ_v 无关的项。记 $s^{\text{old}} = \lambda_u^{\text{old}} + \lambda_v^{\text{old}} = \lambda_v + \lambda_v$,则有 $\lambda_v = s^{\text{old}} - \lambda_u$,代入式(4-4)并对 λ_v 求导,令导数 $\frac{\partial W}{\partial \lambda_v} = 0$,可以得到

$$\lambda_v = \lambda_v^{\text{old}} + \frac{1}{\eta} \{ y_v - y_u + f_u^{\text{old}} - f_v^{\text{old}} + \varepsilon [\text{sgn}(\lambda_v) - \text{sgn}(\lambda_u)] \}$$

$$(4-5)$$

式中:$\eta = k_{vv} + k_{uu} - 2k_{uv}$;$f_i = f(x_i)$。

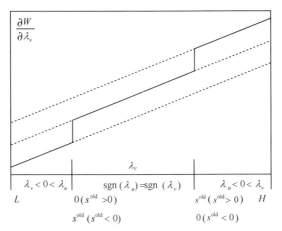

图 4-1　$\frac{\partial W}{\partial \lambda_v}$ 随 λ_v 变化图

对于式(4-5)的求解关键在于符号项 $\text{sgn}(\lambda_v) - \text{sgn}(\lambda_u)$ 的确定,如果用上次的 $\text{sgn}(\lambda_v^{\text{old}}) - \text{sgn}(\lambda_u^{\text{old}})$ 来判定符号,求解的结果有可能造成目标函数的增加,所以符号项必须由求解后的 $\text{sgn}(\lambda_v^{\text{old}}) - \text{sgn}(\lambda_u^{\text{old}})$ 来决定。对 $\frac{\partial W}{\partial \lambda_v}$ 求导,即

$$\frac{\partial^2 W}{\partial \lambda_v^2} = 2\varepsilon \left[\delta(\lambda_v) + \delta(s^{old} - \lambda_v) \right] + \eta > 0 \qquad (4-6)$$

可知 $\frac{\partial W}{\partial \lambda_v}$ 是随 λ_v 递增,且在 $\lambda_v = 0$ 和 $\lambda_v = s^{old}$ 有跳变,如图 4-1 所示,故式(4-5)分为 5 种情况求解:① $\lambda_v < 0 < \lambda_u$;② $\lambda_v = 0$;③ sgn $(\lambda_u) = \text{sgn}(\lambda_v)$;④ $\lambda_v = s^{old}$;⑤ $\lambda_u < 0 < \lambda_v$。

算法 4.2.1 列出了求解式(4-5)的步骤。

算法 4.2.1:

(1) $s^{old} = \lambda_u^{old} + \lambda_v^{old}$, $\eta = k_{vv} + k_{uu} - 2k_{uv}$, $\Delta = 2\varepsilon/\eta$;

(2) $\lambda_v = \lambda_v^{old} + \frac{1}{\eta}(y_v - y_u + f_u^{old} - f_v^{old})$, $\lambda_u = s^{old} - \lambda_v$;

(3) if($\lambda_v \cdot \lambda_u < 0$);

$$\{ \text{if}(|\lambda_v| \geqslant \Delta \&\& |\lambda_u| \geqslant \Delta)$$
$$\lambda_v = \lambda_v - \text{sgn}(\lambda_v) \cdot \Delta$$
$$\text{elseif } (|\lambda_v| \geqslant |\lambda_u|)$$
$$\lambda_v = s^{old}$$
$$\text{else } \lambda_v = 0 \}$$

(4) $L = \max(s^{old} - C, -C)$, $H = \min(C, s^{old} + C)$;

(5) $\lambda_v = \min(\max(\lambda_v, L), H)$, $\lambda_u = s^{old} - \lambda_v$。

算法 4.2.1 对于 $\text{sgn}(\lambda_v) - \text{sgn}(\lambda_u)$ 符号的判定的具体方法是先求 $\lambda_v = \lambda_v^{old} + \frac{1}{\eta}(y_v - y_u + f_u^{old} - f_v^{old})$ 和 $\lambda_u - s^{old} - \lambda_v$(其中 $\eta = k_{vv} + k_{uu} - 2k_{uv}$),再根据 λ_v 和 λ_u 的符号判断是否需要调整(其中调整项为 $\Delta = 2\varepsilon/\eta$):①如果 λ_v 和 λ_u 同号,根据式(4-6)不需调整项;②如果 λ_v 和 λ_u 异号,则进一步判断是否需要调整:若 $|\lambda_v| \geqslant \Delta \&\& |\lambda_u| \geqslant \Delta$ 说明经过调整后 λ_v 和 λ_u 符号不变,需要调整;否则调整后 λ_v 和 λ_u 符号改变,不满足原先的假定,这时的解为 $\lambda_v = s^{old}$ 或 $\lambda_v = 0$。

2)两个训练点的选取

支持向量回归机的 SMO 算法不仅在两个变量的解析求解更加复杂,同时在两个训练点的选取中存在着与分类机类似的不足。通常 SMO 算法中通过两步来实现训练点的选取:首先,从违反 KKT 条件的点中选出第一个训练点;其次,选择能使解的步进最大化的点作为第二个训练点。

这种选取训练点方法的主要不足有:当有多个违反 KKT 条件的点时,没有给出如何选取的原则,只能通过计算搜索合适的训练点;另外该方法在选择第二个训练点时是选择使其对应的变化最明显的点作为训练点,但是求解的最终的目的是使得目标函数达到最小,因此该选择方法意义不明确,很可能会造成在训练过程中目标函数增大。

在此,针对传统 SMO 算法选取两个训练点的不足,从直接逼近目标函数最小值的角度提出了一种新的选取训练点的方法。

(1)第一个训练点的选取。对于一个目标函数,梯度分量的绝对值越大,则目标函数在该梯度方向上随变量的变化量也越大,因此先对目标函数求各个分量的梯度:

$$\frac{\partial W}{\partial \lambda_i} = f_i^{\text{old}} - b^{\text{old}} + \varepsilon \left| \lambda_i^{\text{old}} \right| - y_i \qquad (4-7)$$

式中:$f_i = \sum_{p=1}^{l} \lambda_p K(x_p, x_i) + b$。

从违反 KKT 条件的样本中选择梯度分量绝对值最大的样本为第一个训练点。

(2)第二个训练点的选取。训练的最终目的是找到使得目标函数取得最小值所对应的量,所以本书采用使目标函数下降最大的原则来选取第二个训练点,假定第一个优化分量为 α_u(回归问题为 λ_u),则根据式(4-8)求各个分量对目标函数的变化量:

$$\Delta W_j = \Delta \lambda_u (f_u^{\text{old}} - b^{\text{old}} - y_u) + \Delta \lambda_j (f_j^{\text{old}} - b^{\text{old}} - y_j)$$
$$+ \frac{1}{2} \Delta \lambda_u^2 k_{uu} + \frac{1}{2} \Delta \lambda_j^2 k_{jj} + \Delta \lambda_u \lambda_j k_{uj}$$
$$+ \varepsilon (\left| \lambda_u \right| - \left| \lambda_u^{\text{old}} \right| + \left| \lambda_j \right| - \left| \lambda_j^{\text{old}} \right|) \qquad (4-8)$$

式中:$\Delta \lambda_u = \lambda_u - \lambda_u^{\text{old}}$;$\Delta \lambda_v = \lambda_v - \lambda_v^{\text{old}}$。

(3)计算量的降低。从上述两个训练点选择的过程可以看出,如果每次训练后更新并存储 f_i 的值,可以减少在选取训练点时的计算量,同时用以判断 KKT 条件。而要更新 f_i,首先需要更新阈值 b。

若 $-C < \lambda_u \neq 0 < C$,则有

$$b^u = y_u - f_u^{old} + (\lambda_u^{old} - \lambda_u)k_{uu} + (\lambda_u^{old} - \lambda_v)k_{uv} + b^{old} - \varepsilon \cdot \text{sgn}(\lambda_u)$$

$$(4-9)$$

若 $-C < \lambda_v \neq 0 < C$,则有

$$b^v = y_v - f_v^{old} + (\lambda_v^{old} - \lambda_v)k_{vv} + (\lambda_u^{old} - \lambda_u)k_{uv} + b^{old} - \varepsilon \cdot \text{sgn}(\lambda_v)$$

$$(4-10)$$

如果同时有 $-C < \lambda_u \neq 0 < C$ 和 $-C < \lambda_v \neq 0 < C$,则取 b^u 和 b^v 的均值。

f_i 的更新。每次在对变量 λ_u 和 λ_v 训练结束后根据式(4-11)更新并存储 f_i:

$$f_i = f_i^{old} + (\lambda_u - \lambda_u^{old})k_{ui} + (\lambda_v - \lambda_v^{old})k_{vi} + b - b^{old} \qquad (4-11)$$

4.3 SVR 的参数选取

SVR 模型与 SVC 模型类似,模型的选取问题是 SVM 的核心问题,即如何调节它的参数,使其获得好的性能,目前这个问题已经引起了越来越多的研究者的关注。本小节主要研究基于高斯核的 SVM 的参数确定方法,包括高斯核函数尺度参数 σ、惩罚因子 C 和不敏感损失参数 ε。

4.3.1 高斯核参数 σ

同样,回归问题的高斯核函数参数的选取决定回归函数的性能。由于高斯核函数的 SVR 模型类似于神经网络,所以采用神经网络方法中确定核函数的聚类方法同样也适用于高斯核 SVR 的核参数选取[51]。本书研究了将竞争聚类方法应用于支持向量回归问题的高斯核参数的选取。

竞争聚类算法是在给定训练样本 $Q = \{q_k = (\boldsymbol{x}_k, y_k) \mid k = 1, 2, \cdots, l\}$,通过不断进行竞争聚类求解权值矩阵 $\boldsymbol{u}_{ij}$ 和类的个数 C,使得如下目标函数最小化:

$$J(B, U, Q) = \sum_{i=1}^{C} \sum_{j=1}^{l} \boldsymbol{u}_{ij}^2 d^2(\boldsymbol{q}_j, \boldsymbol{\beta}_i) - \eta \sum_{i=1}^{C} \left[\sum_{j=1}^{l} \boldsymbol{u}_{ij} \right]^2$$

$$\text{s. t.} \qquad \sum_{i=1}^{C} \boldsymbol{u}_{ij} = 1, j = 1,2,\cdots,l \qquad (4-12)$$

式中：$B = (\beta_1,\beta_2,\cdots,\beta_C)$，表示 C 个类；$d^2(\boldsymbol{q}_j,\beta_i)$ 表示样本 $\boldsymbol{q}_j$ 与类 β_i 的距离。

聚类因子在第 itr 次竞争聚类中可根据式（4-13）得到

$$\eta(itr) = \eta_0 e^{\frac{-itr}{\tau}} \frac{\sum_{i=1}^{C} \sum_{j=1}^{l} (\boldsymbol{u}_{ij}^{(itr-1)})^2 d^2(\boldsymbol{q}_j,\beta_i)^{(itr-1)}}{\sum_{i=1}^{C} \left[\sum_{j=1}^{l} \boldsymbol{u}_{ij}^{(itr-1)} \right]^2} \qquad (4-13)$$

权值矩阵根据式（4-14）更新：

$$\boldsymbol{u}_{ij} = \eta \frac{N_i}{d^2(\boldsymbol{q}_j,\beta_i)} + \frac{1 - \eta \sum_{k=1}^{C} \left[\dfrac{N_k}{d^2(\boldsymbol{q}_j,\beta_k)} \right]}{\sum_{k=1}^{C} \left[\dfrac{d^2(\boldsymbol{q}_j,\beta_i)}{d^2(\boldsymbol{q}_j,\beta_k)} \right]} \qquad (4-14)$$

式中：$N_i = \sum_{k=1}^{l} u_{ik}$ 表示类 β_i 的势，用于判别该类在某次聚类中是否需要删除。

聚类过程完成之后，根据式（4-15）求得各个类的中心和半径：

$$\delta_i = \frac{\sum_{j=1}^{l} (\boldsymbol{u}_{ij})^2 \boldsymbol{q}_j}{\sum_{j=1}^{l} (\boldsymbol{u}_{ij})^2}, \sigma_i = \sqrt{\frac{\sum_{j=1}^{l} (\boldsymbol{u}_{ij})^2 (\boldsymbol{q}_j - \delta_i)^2}{\sum_{j=1}^{l} (\boldsymbol{u}_{ij})^2}} \qquad (4-15)$$

最后取所有类的半径均值，就可以得到训练样本的高斯核参数。

算法 4.3.1：

（1）给定阈值 ε，初始 η_0，令 $itr = 1$，初始化 $\boldsymbol{u}_{ij}$，$d^2(\boldsymbol{q}_j,\beta_i)$；

（2）计算 $\eta(itr)$，更新 $\boldsymbol{u}_{ij}$，$d^2(\boldsymbol{q}_j,\beta_i)$，并求 N_i；

（3）若存在 $N_i < \varepsilon$，则删除该类，转至步骤（4），否则转至步骤（5）；

（4）$itr = itr + 1$，转至步骤（2）；

（5）聚类结束。

根据式（4-15）计算所有类的半径，取所有半径的均值为高斯核参数。

4.3.2 惩罚因子 C

在 SVR 模型中,高斯核参数决定了原空间与高维空间的映射关系,不敏感损失参数决定支持向量占样本总数的比例,而惩罚因子对支持向量回归机性能的影响相对较小,因此只需要保证训练结果得到的回归函数能达到训练样本的最大值即可[52]。根据回归函数的表达式,可得

$$|f(x)| \leqslant \left| \sum_{i=1}^{N_{sv}} \lambda_i K(x_i,x) \right| \leqslant \sum_{i=1}^{N_{sv}} |\lambda_i| \cdot |K(x_i,x)| \leqslant C \sum_{i=1}^{N_{sv}} |K(x_i,x)|$$

而由于高斯核函数 $K(x_i,x) = \exp\left(-\dfrac{|x_i-x|^2}{\sigma^2}\right) \leqslant 1$,因此得到 $C \geqslant \dfrac{|f(x)|}{N_{sv}}$。为了使支持向量回归函数有更广的适应性,可以选取 $C \geqslant |f(x)|$,通常取 $C = 10 * \max(|f(x)|)$。

4.3.3 不敏感损失参数 ε

一般地,不敏感损失参数主要影响了回归函数的拟合精度和支持向量的比例。参考相关文献[53],当不敏感损失参数与训练集输出的噪声方差有一定的比例关系时,SVR 训练得到的回归函数性能最佳,因此可以采用二次训练的方法[54],先估计训练集输出的回归误差的标准差,再根据比例关系得到 SVR 的不敏感损失参数。

首先,由前面得到高斯核参数以及惩罚因子,取不敏感损失参数为 ε_0,对训练集进行训练,得到估计函数,由估计函数与训练集计算回归误差的标准差 γ;其次,根据前面得到的标准差 γ,计算不敏感损失参数:$\varepsilon = \nu \times \gamma$。通常取 $\gamma = 1.65$ 或 $\gamma = 1.95$,分别对应表示有 90% 或 95% 的样本点在 $\pm\varepsilon$ 的管道区域内。

4.4 实 验 分 析

实验1 UCI 数据集回归实验

为了验证 SVR 回归预测精度,选取 UCI 的几组真实数据对算法进

行验证,如表 4 - 1 所列。

表 4 - 1　本书实验数据

数据名称	属性	样本数
Servo	4	167
Auto MPG	8	398
Housing	14	506
Concrete	9	1030

利用本章的算法建立 SVR 模型,采用均方根误差(Root-Mean-Square Error,RMSE)来进行评估。均方根误差的定义为

$$\text{RMSE} = \sqrt{\frac{\sum_{i=1}^{N}(y_i - \hat{y}_i)^2}{N}} \tag{4-16}$$

式中:N 为测试集的点数;y_i 为测试点;$\hat{y}_i$ 为 SVM 的输出。

为了降低个别数值变化范围较大的属性或者数据对训练结果的影响,对实验数据做了尺度变化,将数据映射到[0,1]范围内。以下的实验中,采用十交叉验证法,将所有数据分成 10 份,分别取 9 份进行训练,1 份作为测试计算分类正确率,最后取 10 次测试结果的平均。

对表 4 - 1 中的 4 组数据进行 SVR 训练并计算均方根误差(RMSE),SVR 模型的回归精度与文献[55]的基于混合核的遗传算法相比如表 4 - 2 所列,从结果可以看出,采用本章提出的算法能建立精确的支持向量回归模型,除了 Servo 数据的 SVR 预测 RMSE 小于文献方法,其他数据均优于文献的回归结果。另外,SVR 模型在回归结果的支持向量样本的比例均小于原样本集的 1/3,说明建立的 SVR 模型在保证了回归精度的情况下,很好地控制了支持向量样本的比例,验证了 SVM 兼顾经验风险和泛化能力的特点。

表 4 - 2　回归结果

数据名称	Servo	Auto MPG	Housing	Concrete
文献[55]方法(RMSE)	0.54	2.87	6.71	8.64
本书 SVR 回归(RMSE)	0.71	2.84	3.52	6.23
支持向量比例/%	31	26	22	23

实验 2   标准函数回归实验

在实际的回归预测中,样本集往往带有噪声,为了验证支持向量回归模型处理噪声的能力,我们做了如下实验:选取带噪声的标准函数进行支持向量回归预测,应用第 4.3 节的参数选取方法分别对一维和二维 sinc 函数进行训练和回归预测。

取一维 sinc 函数为

$$f(x) = \frac{\sin(x)}{x} + \xi, x \in [-10,10] \qquad (4-17)$$

利用式(4 - 17)产生 100 个点作为训练集,其中 ξ 是均值为 0、方差分别为 0.1,0.15,0.2 的高斯噪声;另外产生 400 个点作为测试集,训练结果如表 4 - 3 所列。

表 4 - 3   一维 sinc 函数训练结果

噪声方差	支持向量个数	支持向量百分比/%	RMSE
0.1	21	21	0.0323
0.15	36	36	0.0409
0.2	48	48	0.0533

取二维 sinc 函数为

$$f(x) = \sin\left(\frac{\sqrt{x_1^2 + x_2^2}}{\sqrt{x_1^2 + x_2^2}}\right) + \xi, \qquad x_1, x_2 \in [-5,5] \quad (4-18)$$

利用式(4 - 18)产生 120 个点作为训练集,其中 ξ 是均值为 0、方差分别为 0.1,0.15,0.2 的高斯噪声;另外产生 440 个点作为测试集,训练结果如表 4 - 4 所列。

表 4 - 4   二维 sinc 函数训练结果

噪声方差	支持向量个数	支持向量百分比/%	RMSE
0.1	25	20.8	0.0421
0.15	49	40.8	0.0663
0.2	69	57.5	0.0846

图 4 - 2 分别为噪声方差为 0.2 的一维和二维 sinc 函数进行支持向量回归的训练结果。从一维和二维函数的 SVR 训练结果可以看出,在噪声方差为 0.1 的情况下,支持向量百分比为 21%,RMSE < 0.05;

在噪声方差小于等于 0.2 的情况下,支持向量百分比均小于 60%,RMSE <0.1。实验结果表明利用 4.3 节提出的训练算法以及参数选取方法建立的支持向量回归模型具有较强的处理带噪声样本的能力,对带有噪声的一维和二维的 sinc 函数能建立精确的支持向量回归函数,同时也很好的控制了支持向量样本的比例,兼顾了经验风险和泛化能力。

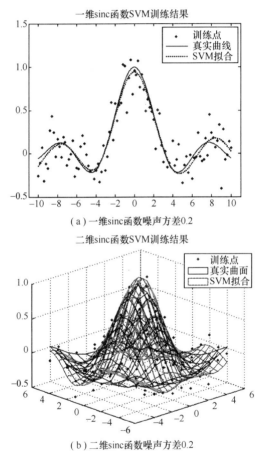

(a)一维sinc函数噪声方差0.2

(b)二维sinc函数噪声方差0.2

图 4 - 2　一维和二维 sinc 函数进行支持向量回归结果图

第 5 章

基于支持向量机的
不确定性问题处理

受飞机作业环境、驾驶因素、传感器测量噪声等影响,飞行数据中往往包含随机噪声,使得数据具有随机性。因此使得诊断结果易受具体飞行数据值影响,对随机噪声敏感,造成诊断和预测结果具有不确定性。原始的 SVM 模型,在建模时没有考虑随机噪声的影响,本章将建立考虑噪声摄动的 SVM 模型,考虑飞行数据的"摄动",(也就是认为输入的数据为 $x + \Delta x$,其中 Δx 为噪声,且 $\| \Delta x \| \leqslant \eta$)的基础上建立 SVM 模型,在此书中称其摄动 SVM。

5.1 概　　述

假设输入数据噪声摄动为 $\| \Delta x \| \leqslant \eta$。输入数据加上噪声后,线性软间隔 ε - 带支持向量回归机的原始问题转化为

$$\min_{w,b} = \frac{1}{2} \| w \|^2 + C \sum_{i=1}^{l} (\xi_i + \xi_i^*) \tag{5-1}$$

$$\text{s. t.} \quad w^{\mathrm{T}} \cdot (x_i + \Delta x) + b - y_i \leqslant \varepsilon + \xi_i$$

$$- w^{\mathrm{T}} \cdot (x_i + \Delta x) - b + y_i \leqslant \varepsilon + \xi_i^*$$

$$\xi_i, \xi_i^* \geqslant 0$$

由于 $\| \Delta x \| \leqslant \eta$,式(5-1)可以化简为

$$\min_{w,b} \quad \frac{1}{2} \| w \|^2 + C \sum_{i=1}^{l} (\xi_i + \xi_i^*) \tag{5-2}$$

$$\text{s. t.} \quad w^T \cdot x_i + \eta \| w \| + b - y_i \leq \varepsilon + \xi_i$$

$$- w^T \cdot x_i + \eta \| w \| - b + y_i \leq \varepsilon + \xi_i^*$$

$$\xi_i, \xi_i^* \geq 0$$

模型(5-2)为二阶锥规划问题(SOCP)。由于模型中存在非线性约束,不能再用传统的求解 SVM 的方法进行求解,而要用到二阶锥规划(Second Order Cone Programming,SOCP)的方法[56],SOCP 法的最大缺点是它无法解决数据量比较大的问题。本书通过增加对所求变量 w 约束消除了文献非线性约束,使得模型可以利用 SMO 算法进行求解。

5.2 建 模

本书利用在原始问题中加入一个约束条件 $\| w \|^2 \leq \overline{W}^2$ 的方法来求解不确定性的 SVM。这样做的好处是:在将问题转化为其对偶问题时,输入数据都变为内积的形式,即可以用对求解非线性极方便的核函数来求解。并且同时,在有大量输入数据时,也可以用 SMO 算法将分解求解。

SVM 问题的求解首先将原始问题转化为其对偶问题,目的是为了方便其求解。接着求其 KKT 条件,也就是优化问题的对偶问题与原始问题等价时,变量所要满足的条件。求出了这些,带噪声的支持向量回归机的数学建模完成。

假设输入数据噪声摄动为 $\| \Delta x \| \leq \overline{\eta}$。在输入数据加上噪声后,原始问题可以变为

$$\min \quad \frac{1}{2} \| w \|^2 + C \sum_{i=1}^{l} (\xi_i + \xi_i^*) \tag{5-3}$$

$$\text{s. t.} \quad w^T \cdot (x_i + \Delta x) + b - y_i \leq \varepsilon + \xi_i$$

$$- w^T \cdot (x_i + \Delta x) - b + y_i \leq \varepsilon + \xi_i^*$$

$$\| w \|^2 \leq \overline{W}^2$$

$$\xi_i, \xi_i^* \geq 0$$

由于 $\|\Delta x\| \leqslant \overline{\eta}$，$\|w\|^2 \leqslant \overline{W}^2$，可得

$$-\overline{\eta}\ \overline{W} \leqslant |w^T \Delta x| \leqslant \overline{\eta}\ \overline{W}$$

当且仅当约束的左边的最大值满足

$$\max w^T \cdot (x_i + \Delta x) + b - y_i \leqslant \varepsilon + \xi_i$$

$$\max - w^T \cdot (x_i + \Delta x) - b + y_i \leqslant \varepsilon + \xi_i^*$$

所以，原问题变为

$$\min \quad \frac{1}{2}\|w\|^2 + C\sum_{i=1}^{l}(\xi_i + \xi_i^*) \qquad (5-4)$$

$$\text{s. t.} \quad w^T \cdot x_i + b - y_i + \overline{\eta}\ \overline{W} \leqslant \varepsilon + \xi_i$$

$$-w^T \cdot x_i - b + y_i + \overline{\eta}\ \overline{W} \leqslant \varepsilon + \xi_i^*$$

$$\|w\|^2 \leqslant \overline{W}^2$$

$$\xi_i, \xi_i^* \geqslant 0$$

模型(5-4)的求解流程如图 5-1 所示，原始问题即为式(5-4)，求其对偶问题，再列出其 KKT 条件，最后用 SMO 算法进行求解。

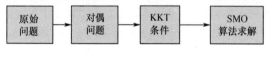

图 5-1 求解流程图

5.3 模 型 求 解

5.3.1 对偶问题

为了求其对偶问题，先将原问题的拉格朗日函数求出：

$$L = \frac{1}{2}\|w\|^2 + C\sum_{i=1}^{l}(\xi_i + \xi_i^*)$$

$$+ \sum_{i=1}^{l} a_i(w^T \cdot x_i + b - y_i + \overline{\eta}\ \overline{W} - \varepsilon - \xi_i)$$

$$\sum_{i=1}^{l} a_i^*(-w^T \cdot x_i - b + y_i + \overline{\eta}\ \overline{W} - \varepsilon - \xi_i^*) + \beta(\|w\|^2 - \overline{W}^2) -$$

$$\sum_{i=1}^{l} (\gamma_i \xi_i + \gamma_i^* \xi_i^*) \qquad\qquad (5-5)$$

式中：$a_i, a_i^*, \beta, \gamma_i, \gamma_i^*$ 都是拉格朗日乘子。

$$\begin{cases} \dfrac{\partial L}{\partial w} = \left(\dfrac{1}{2} + \beta\right) w + \sum_{i=1}^{l} (a_i - a_i^*) x_i = 0 \\[2mm] \dfrac{\partial L}{\partial b} = \sum_{i=1}^{l} (a_i - a_i^*) = 0 \\[2mm] \dfrac{\partial L}{\partial \xi_i^{(*)}} = C - a_i^{(*)} - \gamma_i^{(*)} = 0 \end{cases}$$

$$\Rightarrow \begin{cases} w = \dfrac{1}{(1 + 2\beta)} \sum_{i=1}^{l} (a_i - a_i^*) x_i \\[2mm] \sum_{i=1}^{l} (a_i - a_i^*) = 0 \\[2mm] C = a_i^{(*)} + \gamma_i^{(*)} \end{cases}$$

代入式 $(5-5)$，得

$$L = -\frac{1}{2(1 + 2\beta)} \sum_{i=1}^{l} \sum_{j=1}^{l} (a_i^* - a_i)(a_j^* - a_j)(x_i \cdot x_j)$$
$$+ (\overline{\eta}\,\overline{W} - \varepsilon) \sum_{i=1}^{l} (a_i^* + a_i) + \sum_{i=1}^{l} (a_i^* - a_i) y_i - \beta \overline{W}^2$$

原始问题变为

$$\min \quad L = \frac{1}{2(1 + 2\beta)} \sum_{i=1}^{l} \sum_{j=1}^{l} (a_i^* - a_i)(a_j^* - a_j)(x_i \cdot x_j)$$
$$- (\overline{\eta}\,\overline{W} - \varepsilon) \sum_{i=1}^{l} (a_i^* + a_i)$$
$$- \sum_{i=1}^{l} (a_i^* - a_i) y_i + \beta \overline{W}^2 \qquad\qquad (5-6)$$

$$\text{s. t.} \quad \sum_{i=1}^{l} (a_i^* - a_i) = 0$$
$$0 \leqslant a_i,\, a_i^* \leqslant C$$
$$\beta \geqslant 0$$

如果原问题是非线性问题，那么用核函数将非线性转化为线性：

$$\min \quad L = \frac{1}{2(1+2\beta)} \sum_{i=1}^{l} \sum_{j=1}^{l} (a_i^* - a_i)(a_j^* - a_j) K(x_i \cdot x_j)$$

$$- (\eta \overline{W} - \varepsilon) \sum_{i=1}^{l} (a_i^* + a_i)$$

$$- \sum_{i=1}^{l} (a_i^* - a_i) y_i + \beta \overline{W}^2 \qquad (5-7)$$

$$\text{s. t.} \quad \sum_{i=1}^{l} (a_i^* - a_i) = 0$$

$$0 \leqslant a_i, a_i^* \leqslant C$$

$$\beta \geqslant 0$$

式中: $\| \varphi(\Delta x) \| \leqslant \eta$, 也就是说, $\varphi(\Delta x)$ 是相空间噪声的大小。在相空间中 η 是噪声的绝对极大值。

令 $\lambda_i = a_i^* - a_i$, $|\lambda_i| = a_i^* + a_i$; 则

$$\min \quad L = \frac{1}{2(1+2\beta)} \sum_{i=1}^{l} \sum_{j=1}^{l} \lambda_i \lambda_j K(x_i \cdot x_j)$$

$$- (\eta \overline{W} - \varepsilon) \sum_{i=1}^{l} |\lambda_i| - \sum_{i=1}^{l} \lambda_i y_i + \beta \overline{W}^2 \qquad (5-8)$$

$$\text{s. t.} \quad \sum_{i=1}^{l} \lambda_i = 0$$

$$- C \leqslant \lambda_i \leqslant C$$

$$\beta \geqslant 0$$

5.3.2　KKT 条件

当变量满足 KKT 条件时,对偶问题才与原始问题等价。问题的 KKT 条件为

72

$$\begin{cases} \begin{cases} (w^{\mathrm{T}} \cdot \varphi(x_i) + b) - y_i + \eta \overline{W} < \varepsilon, \\ (-w^{\mathrm{T}} \cdot \varphi(x_i) - b) + y_i + \eta \overline{W} < \varepsilon, \end{cases} \quad a_i = 0, \quad a_i^* = 0 \\ (w^{\mathrm{T}} \cdot \varphi(x_i) + b) - y_i + \eta \overline{W} = \varepsilon, \quad 0 < a_i < C, \quad a_i^* = 0 \\ (-w^{\mathrm{T}} \cdot \varphi(x_i) - b) + y_i + \eta \overline{W} = \varepsilon, \quad a_i = 0, \quad 0 < a_i^* < C \\ (w^{\mathrm{T}} \cdot \varphi(x_i) + b) - y_i + \eta \overline{W} > \varepsilon, \quad a_i = C, \quad a_i^* = 0 \\ (-w^{\mathrm{T}} \cdot \varphi(x_i) - b) + y_i + \eta \overline{W} > \varepsilon, \quad a_i = 0, \quad a_i^* = C \end{cases}$$

$$(5-9)$$

$$\begin{cases} \|w\|^2 \leqslant \overline{W}^2 \text{即} \dfrac{1}{(1+2\beta)^2} \displaystyle\sum_{i=1}^{l}\sum_{j=1}^{l} (a_i^* - a_i)(a_j^* - a_j)K(x_i \cdot x_j) \leqslant \overline{W}^2, \beta = 0 \\ \|w\|^2 = \overline{W}^2 \text{即} \dfrac{1}{(1+2\beta)^2} \displaystyle\sum_{i=1}^{l}\sum_{j=1}^{l} (a_i^* - a_i)(a_j^* - a_j)K(x_i \cdot x_j) = \overline{W}^2, \beta > 0 \end{cases}$$

$$(5-10)$$

令 $\lambda_i = a_i^* - a_i$, $|\lambda_i| = a_i^* + a_i$

$$\begin{cases} |(w^{\mathrm{T}} \cdot \varphi(x_i) + b) - y_i| < \varepsilon - \eta \overline{W}, \lambda_i = 0 \\ |(w^{\mathrm{T}} \cdot \varphi(x_i) + b) - y_i| = \varepsilon - \eta \overline{W}, 0 < \lambda_i < C \quad (5-11) \\ |(w^{\mathrm{T}} \cdot \varphi(x_i) + b) - y_i| > \varepsilon - \eta \overline{W}, \lambda_i = C \end{cases}$$

$$\begin{cases} \|w\|^2 \leqslant \overline{W}^2 \text{即} \dfrac{1}{(1+2\beta)^2} \displaystyle\sum_{i=1}^{l}\sum_{j=1}^{l} \lambda_i \lambda_j K(x_i \cdot x_j) \leqslant \overline{W}^2, \beta = 0 \\ \|w\|^2 = \overline{W}^2 \text{即} \dfrac{1}{(1+2\beta)^2} \displaystyle\sum_{i=1}^{l}\sum_{j=1}^{l} \lambda_i \lambda_j K(x_i \cdot x_j) = \overline{W}^2, \beta > 0 \end{cases}$$

$$(5-12)$$

5.3.3 SMO 算法求解

经过以上化简,原始问题最终变为

$$\begin{aligned} \min \quad L = {} & \frac{1}{2(1+2\beta)} \sum_{i=1}^{l}\sum_{j=1}^{l} \lambda_i \lambda_j K(x_i \cdot x_j) - \\ & (\eta \overline{W} - \varepsilon) \sum_{i=1}^{l} |\lambda_i| - \sum_{i=1}^{l} \lambda_i y_i + \beta \overline{W}^2 \end{aligned}$$

$$\text{s. t.} \quad \sum_{i=1}^{l} \lambda_i = 0$$

$$-C \leqslant \lambda_i \leqslant C$$

$$\beta \geqslant 0$$

$$\begin{cases} \mid (\boldsymbol{w}^{\mathrm{T}} \cdot \varphi(x_i) + b) - y_i \mid < \varepsilon - \eta \, \overline{W}, \lambda_i = 0 \\ \mid (\boldsymbol{w}^{\mathrm{T}} \cdot \varphi(x_i) + b) - y_i \mid = \varepsilon - \eta \, \overline{W}, 0 < \lambda_i < C \\ \mid (\boldsymbol{w}^{\mathrm{T}} \cdot \varphi(x_i) + b) - y_i \mid > \varepsilon - \eta \, \overline{W}, \lambda_i = C \end{cases}$$

$$\begin{cases} \parallel \boldsymbol{w} \parallel^2 \leqslant \overline{W} \text{即} \dfrac{1}{(1+2\beta)^2} \sum_{i=1}^{l} \sum_{j=1}^{l} \lambda_i \lambda_j K(x_i \cdot x_j) \leqslant \overline{W}^2, \beta = 0 \\ \parallel \boldsymbol{w} \parallel^2 = \overline{W} \text{即} \dfrac{1}{(1+2\beta)^2} \sum_{i=1}^{l} \sum_{j=1}^{l} \lambda_i \lambda_j K(x_i \cdot x_j) = \overline{W}^2, \beta > 0 \end{cases}$$

其中高斯核函数为

$$K(x_i, x_j) = \exp\left(-\frac{\parallel x_i - x_j \parallel^2}{\sigma^2} \right)$$

式中：σ 为高斯核函数的尺度参数，可以利用第 4 章介绍的方法求解。ε 为不敏感损失因子，C 为惩罚因子，$\overline{W}$ 为 $|w|$ 的上限，η 为噪声在相空间的摄动范围，这 4 个参数相互有联系，存在相互影响，应在程序中不断调节使所得的回归函数精度最好。

ε 值的选取尽量让所有的点都包括在 $(-\varepsilon, +\varepsilon)$ 范围内。η 是 x 方向的噪声摄动的幅值，$\overline{W}$ 限制了 w 的绝对值（其中 w 是斜率）。$\varepsilon - \eta \overline{W}$ 是 y 方向所能容纳的噪声容限。即可以看作，相空间里 y 方向噪声摄动不大于 $\varepsilon - \eta \overline{W}$，所以必须满足 $\varepsilon - \eta \overline{W} \geqslant 0$。因为 $\parallel \boldsymbol{\varphi}(\Delta x) \parallel \leqslant \eta$，$\parallel \boldsymbol{w} \parallel \leqslant \overline{W}$，所以原问题式(5-1)化为式(5-3)后，约束变得更加苛刻。因此，应该使设置参数 $\overline{W}$ 在满足 $\parallel \boldsymbol{w} \parallel \leqslant \overline{W}$ 的前提下尽量小，以保证 $\varepsilon - \eta \overline{W} \geqslant 0$。

ε 值的选取与惩罚因子 C 有联系。当 ε 比较大时，惩罚因子 C 对精度的影响极小。当 ε 比较小的时候，惩罚因子 C 的影响就比较明显。

与第 4 章的不加噪声的支持向量机 SMO 算法类似，逐步迭代求解。最开始假设拉格朗日乘子 λ_i, β 都为零。首先选取两个点，例如，在某次迭代过程选择的训练点为 (x_u, y_u) 和 (x_v, y_v)，则目标函数为

$$\begin{aligned} \min \quad L(\lambda_u, \lambda_v) = {} & (\varepsilon - \eta \, \overline{W}) \mid \lambda_u \mid + (\varepsilon - \eta \, \overline{W}) \mid \lambda_v \mid \\ & + \frac{1}{2(1+2\beta)} \lambda_u^2 k_{uu} + \frac{1}{2(1+2\beta)} \lambda_v^2 k_{vv} \end{aligned}$$

$$+ \frac{1}{1+2\beta}\lambda_u\lambda_v k_{uv} - \lambda_u y_u - \lambda_v y_v + \frac{1}{1+2\beta}\lambda_u z_u^*$$

$$+ \frac{1}{1+2\beta}\lambda_v z_v^* + W_{\text{Const}}$$

$$z_i^* = \sum_{j\neq u,v}^{l} \lambda_j^* k_{ij} = (1+2\beta)(f_i^* - b^*)$$

$$- \lambda_u^* k_{ui} - \lambda_v^* k_{vi}$$

$$f_i^* = f(x_i, \lambda^*, b) \tag{5-13}$$

式中：W_C 为与 λ_u,λ_v 无关的项，$k_{ij} = K(x_i,x_j)$。

若 $s^{\text{old}} = \lambda_u^{\text{old}} + \lambda_v^{\text{old}} = \lambda_u + \lambda_v$，则有 $\lambda_v = s^{\text{old}} - \lambda_u$，代入式（5-13）并对 λ_v 求导，得到

$$\frac{\partial L}{\partial \lambda_u} = (\varepsilon - \eta \overline{W})(\text{sgn}(\lambda_u) - \text{sgn}(s^* - \lambda_u)) + (y_v - y_u)$$

$$+ \frac{1}{1+2\beta}\lambda_u k_{uu} + \frac{1}{1+2\beta}(\lambda_u - s^*)k_{vv}$$

$$+ \frac{1}{1+2\beta}(s^* - 2\lambda_u)k_{uv} + \frac{1}{1+2\beta}(z_u^* - z_v^*) = 0 \tag{5-14}$$

令式（5-14）为 0，并利用 $s^{\text{old}} = \lambda_u^{\text{old}} + \lambda_v^{\text{old}}$，其中 $f_j^{\text{old}} = \frac{1}{1+2\beta}\sum_{i=1}^{l}\lambda_i^{\text{old}}k_{ji} + b^{\text{old}}$，可得

$$\lambda_u = \lambda_u^* + \frac{1}{\rho}\left[(1+2\beta)(\varepsilon - \eta\overline{W})(\text{sgn}(\lambda_v) - \text{sgn}(\lambda_u))\right.$$

$$\left. + (1+2\beta)(f_v^* - f_u^*) + (1+2\beta)(y_u - y_v)\right] \tag{5-15}$$

式中：$\rho = k_{uu} + k_{vv} - 2k_{uv}$。

将上一次迭代计算的 β 代入，算出 λ_i 的更新值。

算法 5.3.1：

（1）$s^* = \lambda_u^* + \lambda_v^*$，$\rho = k_{uu} + k_{vv} - 2k_{uv}$，$\Delta = 2(1+2\beta)\dfrac{\varepsilon - \eta\overline{W}}{\rho}$；

（2）$\lambda_u = \lambda_u^* + \dfrac{1}{\rho}\left[(1+2\beta)(f_v^* - f_u^*) + (1+2\beta)(y_u - y_v)\right]$，$\lambda_u = s^* - \lambda_v$；

（3）if$(\lambda_v \cdot \lambda_u < 0)$

$\{$ if$(|\lambda_v| \geqslant \Delta \&\& |\lambda_u| \geqslant \Delta)$

$\qquad \lambda_v = \lambda_v - \text{sgn}(\lambda_v) \cdot \Delta$

elseif$(|\lambda_v| \geqslant |\lambda_u|)$

$\qquad \lambda_v = s^*$

else $\quad \lambda_v = 0 \}$;

（4）$L = \max(s^* - C, -C), H = \min(C, s^* + C)$;

（5）$\lambda_v = \min(\max(\lambda_v, L), H), \lambda_u = s^* - \lambda_v$。

求出 λ_i 以后可以用 $\dfrac{1}{(1+2\beta)^2} \displaystyle\sum_{i=1}^{l} \sum_{j=1}^{l} \lambda_i \lambda_j K(x_i \cdot x_j) = \overline{W}^2$ 更新 β。因为 β 必须大于零,所以若求得 β 小于零,则让其为零。

在利用 SMO 算法求解的过程中,需要解决如下几个问题。

1）两个训练点的选取

（1）第一个训练点的选取。对于一个目标函数,当梯度分量的绝对值越大,则目标函数在该梯度方向上随变量的变化量也越大,因此本书先对目标函数求各个分量的梯度:

$$\frac{\partial L}{\partial \lambda_p} = f_p - b - (\eta \overline{W} - \varepsilon) |\lambda_i| - y_p \qquad (5-16)$$

从违反 KKT 条件的样本中选择梯度分量绝对值最大的样本为第一个训练点。

（2）第二个训练点的选取。训练的最终目的是找到使目标函数取得最小值所对应的量,所以本书采用使目标函数下降最大的原则来选取第二个训练点,假定第一个优化分量为 λ_u,则根据式（5-17）求各个分量对目标函数的变化量:

$$\Delta L = (\varepsilon - \mu \overline{W})(|\lambda_u^{\text{temp}}| - |\lambda_u| + |\lambda_v^{\text{temp}}| - |\lambda_v|) + \frac{1}{2(1+2\beta)}\Delta(\lambda_u^2)k_{uu}$$

$$+ \frac{1}{2(1+2\beta)}\Delta(\lambda_v^2)k_{vv} + \frac{1}{1+2\beta}\Delta(\lambda_u \lambda_v)k_{uv}$$

$$+ \frac{1}{1+2\beta}\Delta\lambda_u[(1+2\beta)(f_u - b) - y_u]$$

$$+ \frac{1}{1+2\beta}\Delta\lambda_v[(1+2\beta)(f_v - b) - y_v] \qquad (5-17)$$

式中:$\Delta\lambda_u = \lambda_u - \lambda_u^{\text{old}}$;$\Delta\lambda_v = \lambda_v - \lambda_v^{\text{old}}$。

76

2）更新

（1）阈值 b 的更新。根据 KKT 条件,若 $-C<\lambda_u\neq0<C$,则有

$$b^u=y_u-f_u^*+\frac{1}{1+2\beta}(\lambda_u^*-\lambda_u)k_{uu}+\frac{1}{1+2\beta}(\lambda_v^*-\lambda_v)k_{uv}+b^*$$

$$(5-18)$$

若 $-C<\lambda_v\neq0<C$,则有

$$b^v=y_v-f_v^*+\frac{1}{1+2\beta}(\lambda_u^*-\lambda_u)k_{uv}+\frac{1}{1+2\beta}(\lambda_v^*-\lambda_v)k_{vv}+b^*$$

$$(5-19)$$

如果同时有 $-C<\lambda_u\neq0<C$ 和 $-C<\lambda_v\neq0<C$,则取 b^u 和 b^v 的均值。

（2）f_i 的更新。每次在对变量 λ_u 和 λ_v 训练结束后根据式（5-20）更新并存储 f_i:

$$f_p^{new}=f_p+\frac{1}{1+2\beta}(\lambda_u^{new}-\lambda_u)k_{up}+\frac{1}{1+2\beta}(\lambda_v^{new}-\lambda_v)k_{vp}+$$

$$b^{new}-b,p=1,2,\cdots,l$$

$$(5-20)$$

然后将更新的数据再次代入,选择下一次更新的两个变量进行训练,一步步迭代求解,当变量都满足 KKT 条件时停止。

5.4 实验分析

5.4.1 算法分析

由 Matlab 仿真的求解,该算法可以准确的预测含有噪声的数据。为了直观体现其预测的准确性,本实验采用了两个测试程序。为了能显示直观的图像,分别选择一维的输入数据和二维的输入数据进行测试。在测试过程中调节参数,来达到最好的精度。

1）一维测试

测试采用了 sin 函数,$y=\sin(-x)+x^3$,x 在 $[0,100]$ 内取 100 个点。在 x 方向和 y 方向加入的噪声分别为:$X\sim N(0,0.0001)$,$Y\sim N(0,0.01)$。即所加噪声服从高斯分布,功率分别为 -40dB 和 -20dB。

回归曲线如图 5-2 所示,其中标准误差为

$$s = standard\ error = \sqrt{\frac{\sum_{i=1}^{l}(y'_i - y_i)^2}{l}} \qquad (5-21)$$

所以 $s = 0.0339$。误差很小,由此可以看出其有效性。

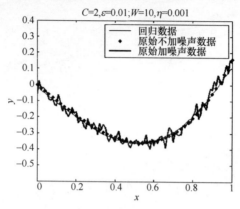

图 5-2   一维函数测试结果

2) 二维测试

测试采用 $y = \dfrac{\sin(\sqrt{x_1^2 + x_2^2})}{\sqrt{x_1^2 + x_2^2}}$,$x_1$ 在 $[-5,5]$ 上均匀分布了 20 个点,x_2 也是在 $[-5,5]$ 上均匀分布了 20 个点,在 x 方向和 y 方向加入的噪声分别为

$X_1 \sim N(0,0.0001)$,$X_2 \sim N(0,0.0001)$,$Y \sim N(0,0.01)$

回归曲面如图 5-3 所示,曲面为支持向量机求出的回归曲面,图中的点为原始加噪声的数据的点。标准误差为:$s = 0.0410$。误差很小,由此可以看出其有效性。

5.4.2   参数分析

下面研究参数对模型结果的影响,其中可以调节的参数为 C,ε,$\overline{W},\eta$。

在进行参数变化对结果的影响的对比中,每次产生的噪声要取确定的服从高斯分布的随机数,使用 seed 使每次产生的随机数相同。

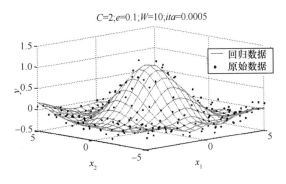

$C=2;e=0.1;W=10;ita=0.0005$

图 5 - 3 二维函数测试结果

当 ε 比较大时($\varepsilon=0.1$),C 的改变对结果基本无影响。只有 ε 比较小时,C 才对结果产生较大影响。但由于 ε 应取较大的值,所以可以暂不考虑 C 的值。

回归结果的优劣可以由误差决定,标准误差为

$$standard\ error = \sqrt{\frac{\sum_{i=1}^{l}(\hat{y}_i - y_i)^2}{l}} \qquad (5-22)$$

式中:$\hat{y}_i$ 为模型输出值;y_i 为真实值。

由标准误差的大小可以判断回归函数与原始不加噪声的函数的误差。支持向量的个数也是决定回归函数的一个原因。支持向量个数过多就会造成过拟合现象,造成较大的误差。

下面分析 ε,$\overline{W}$,η 的变化对结果的影响。

1) η 的变化对结果的影响($C=2$;$\varepsilon=0.1$;$\overline{W}=10$)

一维:$y=\sin(0.05x)$,如表 5 - 1 所列。

表 5 - 1 一维函数 η 的变化对结果的影响

η 值	0.0005	0.005	0.01
标准误差	0.0339	0.0376	0.0390
支持向量个数	33	64	100

二维:$y=\dfrac{\sin(\sqrt{x_1^2+x_2^2})}{\sqrt{x_1^2+x_2^2}}$,如表 5 - 2 所列。

表 5 – 2　二维函数 η 的变化对结果的影响

η 值	0.0005	0.005	0.01
标准误差	0.0410	0.0423	0.0439
支持向量个数	150	259	400

η 是输入数据相空间的噪声,噪声越小,回归函数应该越好。由表 5 – 1、表 5 – 2 可知,实验结果符合假设。当 η 由小到大,支持向量也从少到多,误差也越来越大。

2)$\overline{W}$ 对结果的影响($C = 2$;$\varepsilon = 0.1$;$\eta = 0.0005$)

一维 $y = \sin(0.05x)$,如表 5 – 3 所列。

表 5 – 3　一维函数 $\overline{W}$ 的变化对结果的影响

$\overline{W}$ 值	10	100	200
标准误差	0.0339	0.0376	0.0390
支持向量个数	33	64	100

二维:$y = \dfrac{\sin\left(\sqrt{x_1^2 + x_2^2}\right)}{\sqrt{x_1^2 + x_2^2}}$,如表 5 – 4 所列。

表 5 – 4　二维函数 $\overline{W}$ 的变化对结果的影响

$\overline{W}$ 值	10	100	200
标准误差	0.0410	0.0423	0.0439
支持向量个数	150	259	400

$\overline{W}$ 应该尽量小,这样可容纳更大的 x 方向的噪声。由表 5 – 3、表 5 – 4 可以看出实验满足假设。并且由于 $\overline{W}$ 应满足 $\|w\| \leqslant \overline{W}$,所以 $\overline{W}$ 的取值比较有限。

3)ε 的变化对结果的影响($C = 2$;$\eta = 0.0005$;$\overline{W} = 10$)

一维:$y = \sin(0.05x)$,如表 5 – 5 所列。

表 5 – 5　一维函数 ε 的变化对结果的影响

ε 值	0.1	0.01	0.005
标准误差	0.0339	0.0393	0.0405
支持向量个数	33	97	100

二维 $:y = \dfrac{\sin\left(\sqrt{x_1^2 + x_2^2}\right)}{\sqrt{x_1^2 + x_2^2}}$,如表 5 – 6 所列。

表 5 – 6   二维函数 ε 的变化对结果的影响

ε 值	0. 1	0. 01	0. 005
标准误差	0. 0410	0. 0434	0. 0446
支持向量个数	150	390	400

ε 越小,支持向量越多,对噪声的容限越小,过拟合现象越明显。由表 5 – 5、表 5 – 6 可知, ε 越小,其回归函数的误差越大。但 ε 也不能过大,否则拟合曲线与所求曲线相差太多。

第6章

飞机状态监控系统及其监测指标分析

本章主要对机载设备运行状态记录数据的获取途径之———飞机状态监控系统(Aircraft Condition Monitoring System,ACMS)以及针对发动机的状态监控予以简要介绍。

6.1 飞机状态监控系统(ACMS)

ACMS 是先进的机载数据采集和处理系统,作为航空电子综合化的产物,能够对飞机飞行全过程的数据信息进行采集、存储、传输和处理,用于监控飞行状态和机载关键设备(如航空发动机)的工作性能和使用状况,是支持飞机有效使用的基础。国内民航现役的空客和波音系列飞机绝大部分都安装有 ACMS。

6.1.1 ACMS 的组成与功能

1)核心机与外围设备

ACMS 主要包括核心机和外围设备两大部分[57],如图 6 − 1 所示。其中,核心机是数字式飞行数据采集管理单元(Digital Flight Data Acquisition and Management Unit,DFDAMU),可选外围设备主要包括飞机通信寻址与报告系统(Aircraft Communications Addressing & Reporting System,ACARS)、快速存取记录器(QAR)、数字式飞行数据记录器(DFDR)、控制显示组件(Control & Display Unit,CDU)或综合显示组件(Integrated Display Unit,IDU)、座舱打印机(PRT)、飞行数据输入面板(Flight Data Embedded Panel,FDEP)、线性加速度计(Linear Aeeelerome-

82

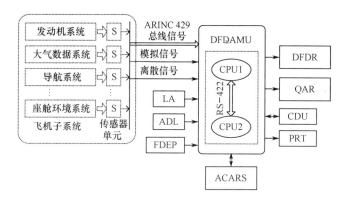

图 6 - 1　ACMS 组成框图

ter, LA）和飞机数据加载器（Aircraft Data Loader, ADL）等。DFDAMU
内部有两个中央处理器（CPU1 和 CPU2），两者之间通过 RS – 422 总线
进行通信；CPU1 为 DFDR 和 QAR 提供数据，CPU2 为 CDU、PRT 和
ACARS 提供数据。图 6 – 2 为某国产 ACMS 系统组件实物图。

图 6 - 2　某国产 ACMS 组件

2）核心机处理器功能

来自飞机各系统的离散信号，同步器、线性加速度计等部件的交/
直流模拟电压信号以及经 ARINC429 总线输入的数字信号，在 DF-
DAMU 中分别交由 CPU1 和 CPU2 处理，在外围设备的配合下实现 AC-
MS 全部功能。

（1）CPU1 的主要功能。

① 对 ARINC429 总线数据进行奇偶、有无更新、符号状态码是否
失效等校验。

② 将通过校验的数据字调制为哈佛双相编码格式。

③ 将调制数据输送给 DFDR 和 QAR 记录存储。

（2）CPU2 的主要功能。

① 实时接收来自大气数据计算机、导航、发动机仪表等系统的总线数据。

② 对上述数据译码,生成报告并传送至 CDU 和 PRT,供机务人员实时监控。

③ 响应地面系统请求或自动产生并发送 ACARS 报告。

6.1.2　飞行数据获取方式

飞行数据是飞机从起飞到降落过程中由飞行数据记录设备所记录下来的一系列与飞机飞行性能和飞行状态相关的飞行参数,对飞机动作识别、设备性能趋势分析和飞行事故鉴定具有重要作用。飞行数据中还有大量的总线信号,如 ARINC429 信号、1553B 信号、RS – 422 信号等。

飞行数据是飞机在空中处于复杂背景环境下记录的采样参数,容易受到电子干扰、噪声的影响,各种各样的干扰和噪声叠加在一起会严重影响数据的质量。FDR 记录的数据由于存在各种干扰会含有不同性质的误差信号,例如,电气设备突然起停,电源、记录介质、仪表或电缆故障都可能使信号产生瞬时波动,形成脉冲信号。脉冲信号的持续时间一般是非常短暂的,但如果它恰好出现在 FDR 的采样时刻,就会造成较大的失真,称为异常值。

ACMS 收集到的各种原始数据,既可以借助 ACARS 经甚高频空地数据网络实时发送给远程地面站(Remote Ground Station, RGS),并由地面通信网络送至航空公司的飞行数据处理与分析中心[58];也可通过 DFDR 和 QAR 将数据记录保存下来,待飞机降落后经下载、译码供航务和机务人员使用,如图 6 – 3 所示。其中 DFDR 具有耐强冲击、耐穿透、耐火烧、耐挤压、耐海水和腐蚀性液体浸泡等坠毁幸存能力,其数据主要用于飞行事故的调查取证;而 ACARS 和 QAR 数据则主要用于飞机的日常维护和监控。

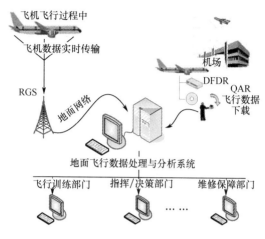

图 6 – 3　飞行数据的地面获取方式

1）飞机通信寻址与报告系统（ACARS）

目前,国内已建成并向航空公司开放使用了甚高频空地数据链[59],多数民航飞机也已加装了 ACMS。这样航空部门就能利用 ACARS 报告获得飞行数据,实现对机载仪器仪表、发动机工作性能及驾驶员操作情况的实时监控。

例如,图 6 – 4 显示的是某航空公司 A319 飞机借助 ACARS 向 RGS 实时发送的发动机稳定巡航报告。报告除输出航班编号、飞行日期、路线等任务信息外,还显示进气总温（TAT）、计算空速（CAS）、飞行马赫数（MN1）、气压高度（ALT）、发动机压比（EPR）、排气温度（EGT）、高压转子转速（N2）、低压转子转速（N1）、燃油流量（FF）、滑油压力（OIP）、滑油温度（OIT）、高/低压转子振动幅值（VB2/VB1）等与发动机工作环境和运行状态有关的参数。报告中所列参数数据大部分是多次测量结果的平均值[60]。

2）下载译码

现代机型上配备的 DFDR 具有数据记录、还原逼真度高,可靠性好,功耗小,维修费用低等优点,而且只要简单地加插存储器芯片便可达到扩充记录容量的目的。多数机型上加装的 QAR 与 DFDR 有着相同的工作原理,数据格式也完全一样,它将飞行数据记录在光盘或 PC

```
          1         2         3         4         5         6
)1234567890123456789012345678901234567890123456789012345678901234)
 1 )                                          MM/DD/YY  HH:MM      )
 2 ) B747-400  ENGINE STABLE FRAME REPORT        REPORT NO. 24    )
 3 )                                                              )
 4 )  ACFT    FLT    DEP    DST    DATE    TIME   FM   TRIG  LDID  )
 5 )  NNNNCA  NNNN   AAAA   AAAA  MM/DD/YY HH:MM  ER    A    NN    )
 6 )                                                              )
 7 )  CAS    MACH    ALT    TAT   A/T  PKS  GROSS WT  T FUEL QUAL  )
 8 )  NNN    NNN   SNNNNN  SNN.N   B    N   NNN.N     SNN     A    )
 9 )                                                              )
10 ) POS   EPR     EPRC    N1     EGT   N2     FF     WFRQ   TRA   )
11 )  1   N.NNN   N.NNN  NNN.N   NNNN  NNN.N  NNNNN  NNNNN  NN.N   )
12 )  2   N.NNN   N.NNN  NNN.N   NNNN  NNN.N  NNNNN  NNNNN  NN.N   )
13 )  3   N.NNN   N.NNN  NNN.N   NNNN  NNN.N  NNNNN  NNNNN  NN.N   )
14 )  4   N.NNN   N.NNN  NNN.N   NNNN  NNN.N  NNNNN  NNNNN  NN.N   )
15 )                                                              )
16 ) POS   OP     OT     OQ     OC    SCAV   FTMP    P2    PB    P5)
17 )  1   NNN    NNN   NN.N   SN.N   NNN   .SNNN  NN.NN  NNN  NN.NN)
18 )  2   NNN    NNN   NN.N   SN.N   NNN    SNNN  NN.NN  NNN  NN.NN)
19 )  3   NNN    NNN   NN.N   SN.N   NNN    SNNN  NN.NN  NNN  NN.NN)
20 )  4   NNN    NNN   NN.N   SN.N   NNN    SNNN  NN.NN  NNN  NN.NN)
21 )                                                              )
22 ) POS   T2     T3    VIB1   VIB2   BLD   SVA    BVA   AOC   TCC )
23 )  1  SNN.N   NNN   N.N    N.N    B    SNNN%  SNNN%  SNNN% SNNN%)
24 )  2  SNN.N   NNN   N.N    N.N    B    SNNN%  SNNN%  SNNN% SNNN%)
25 )  3  SNN.N   NNN   N.N    N.N    B    SNNN%  SNNN%  SNNN% SNNN%)
26 )  4  SNN.N   NNN   N.N    N.N    B    SNNN%  SNNN%  SNNN% SNNN%)
27 )                                                              )
28 ) EEC STATUS:   270    271    272    273    275    350    351   )
29 ) POS  CHANNEL  ESWA   ESWB   ESWC   ESWD   ESWE   EMWF   EMWG  )
30 )  1     A      HHHH   HHHH   HHHH   HHHH   HHHH   HHHH   HHHH  )
31 )  2     A      HHHH   HHHH   HHHH   HHHH   HHHH   HHHH   HHHH  )
32 )  3     A      HHHH   HHHH   HHHH   HHHH   HHHH   HHHH   HHHH  )
33 )  4     A      HHHH   HHHH   HHHH   HHHH   HHHH   HHHH   HHHH  )
34 )                                                              )
35 )              352    353    354        PREV TAKEOFF:          )
36 ) POS          EMWH   EMWI   EMWJ       DERATE  EGT MGN         )
37 )  1           HHHH   HHHH   HHHH      SNN.N%   SNNN             )
38 )  2           HHHH   HHHH   HHHH      SNN.N%   SNNN             )
39 )  3           HHHH   HHHH   HHHH      SNN.N%   SNNN             )
40 )  4           HHHH   HHHH   HHHH      SNN.N%   SNNN             )
)1234567890123456789012345678901234567890123456789012345678901234)
```

图 6-4 发动机稳态报告格式

卡上,拆装容易,数据还原准确可靠,方便地面维护。目前,国内航空公司普遍使用的是 3in 可擦写式磁光盘,大多为美国 Rockwell 和 Teledyne 公司产品。

DFDR 和 QAR 存储介质上记录的飞行数据下载后并不能直接用于机载设备工作性能的监视和异常诊断分析,这是由于介质上存储的是具有特定编码格式的原始数据;必须首先借助计算机及相应软件对其进行译码、恢复为工程数值后,才能加以利用。目前国际上主要采用 ARINC573 和 ARINC717 规范对民航飞机的数据记录格式进行约定[61]。

每次飞行后,需将下载得到的 DFDR 或 QAR 数据通过光盘、网络等传输介质转录到地面飞行数据分析与处理中心;并利用计算机和译码分析软件,将编码格式的原始数据还原为工程物理量,区分机型、航班存储到地面数据库中。飞行数据译码过程如图 6 - 5 所示。

图 6 - 5　飞行数据的译码过程

如何对地面数据库中的历史飞行数据进行科学分析研究,挖掘所需信息,为单机状态监控、机载设备性能监控和维护、故障诊断及视情维修等提供决策依据,是 FDMS 地面专家系统的一个工作重点,也是课题研究的主要目标。

ARINC573 格式是当前国际民用运输机上普遍采用的记录格式之一,绝大多数的 DFDR 均采用了这种格式[62]。数据描述采用符合"哈佛双相编码制"的"帧—副帧—字—位"结构。如图 6 - 6 所示,每帧(时间长度为4s)分为 4 个副帧,每个副帧又包含 64 个字槽,每个字槽12 位。每个副帧的第 1 个字槽用来记录该副帧的同步字,第 64 个字槽用以传送资料及内部校正数据,其余字槽编排所要记录的飞行数据;数据字的第 1 位为最低有效位,第 12 位是最高有效位。图 6 - 6 中还列出了 4 个 ARINC573 标准同步字,其八进制数据与副帧的对应关系为:

副帧 1→7044;副帧 2→0732;副帧 3→7045;副帧 4→0733

随着航空工业的发展,飞机上所要记录的参数种类多达几百乃至上千,而 ARINC573 帧结构最多只可记录 63 ×4 个飞行参数,不能满足需求。作为 ARINC573 的扩展形式,ARINC717 格式采取如下两种途径来扩大记录容量。

(1)采用"超级帧",即在 ARINC573 的基本帧结构中,采用一个字槽分时记录多个参数的办法来扩大容量,目前普遍做法是一个字槽记录 16 个飞行参数。时分复用方式的采用使得参数采样率大为降低,因此"超级帧"只适用于记录一些诸如航班日期、飞机总重、滑油流量、滑

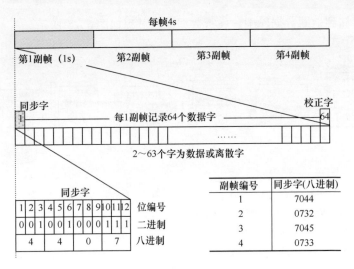

图 6-6　ARINC573 的帧结构

油温度等不变或者缓变的参数。

（2）采用"数据压缩记录格式"，ARINC573 标准记录速度为每秒 64 个字，在此基础上，将记录速率提升至原来的 2 倍或 4 倍，即每秒记录 128 个字或 256 个字。

国内民航现役机型如 A300/310、B747/757 和 MD-82 等上装配的 DFDR 或 QAR 主要采用 ARINC717 格式来记录飞行数据。对于一些与飞行安全关系密切的参数（如姿态航向、发动机、飞控、近地告警、避撞等系统参数）采用数据压缩格式记录；其他如燃油总量、飞机总重、天/小时等参数则采用"超级帧"格式记录。例如，图 6-4 显示的是某航空公司经下载、译码得到的 A300 飞机 DFDR 记录数据的一部分（共有 7 帧），更新率为 1 次/s。由于"超级帧"格式的采用，图 6-4 内参数 DATE、HOUR 等每 64s 出现 1 次；"数据压缩记录"又使得气压高度（ALT）、计算空速（CAS）、发动机压比（EPR）、进气总温（TAT）等参数数据每秒（或每 2s）更新 1 次。

3）发动机稳态报告

发动机是飞机的心脏[63]，对其进行监控对于提高飞机的安全性具有重要的意义。发动机稳态报告用于捕捉发动机稳态数据，通过

ACARS 发送到地面,并将这些数据用于发动机趋势分析。下面以 B776 - 400 为例介绍发动机的稳态报告。

(1)报告的收集/产生条件。报告的产生和发送要满足一定的条件,当满足表 6 - 1 的条件后稳态数据将被收集,并且飞机稳态报告中的参数取的是 3min 内参数的均值。发动机的稳态有 4 类容差,具体如表 6 - 2 所列。

表 6 - 1 发动机稳态的初始条件

名称	描述	范围
MACH	马赫数	0.75 ~ 0.90
PALT	气压高度	27000 ~ 45000 FT
EPR	所有发动机的 EPR	1.1 ~ 1.85
N1	所有发动机的低压转子转速	75% ~ 120%

表 6 - 2 飞机发动机稳态容差种类

参数	名称	A	B	C	D	E	单位
马赫数	MACH	+ 0.002	+ 0.004	+ 0.006	+ 0.008	+ 0.010	—
气压高度	PALT	+ 50	+ 80	+ 100	+ 100	+ 100	Ft.
地速	GS	+ 1.0	+ 2.0	+ 4.0	+ 5.0	X	Kts.
全温	TAT	X	X	X	X	+ 1.0	°C
横滚角	ROLL	+ 2.0	+ 2.0	+ 4.0	+ 5.0	+ 5.0	Deg.
EPR	EPR	+ 0.005	+ 0.010	+ 0.015	+ 0.030	+ 0.030	EPR
N1	N1	X	X	X	X	+ 2.0	% RPM
真航向	THDG	+ 2.0	+ 2.0	+ 4.0	+ 4.0	X	Deg.
空调组件	PACK	不变					—
发动机引气	BLD	不变					—
EPR 差	DEPR	< 0.020	< 0.030	< 0.030	< 0.050	X	EPR

注:D 级是飞机稳态监控可接受的最低容差标准;E 级是发动机稳态监控可接受的最低容差标准。容差参数前的符号"+"代表参数最大/最小值的变化范围。"X"=不使用当从任意总线上均无法获得有效的 EPR 时,N1 作为备用初始条件使用

飞机和发动机独立的稳态监控开始于 EN 方式且在 1s 内满足各自初始条件。如果初始条件不满足,下一个 1s 将重新开始搜索。

在第一个有效的 3min 稳定监控时段,用于飞机/发动机稳态监控的各参数的最大和最小值将保存并和容差带的各级别相比较,如果在全部的 3min 内,均在容差带内,则包含各参数的均值和稳定级别的稳态报告将被存储在 NVM 中并继续监控。在每个完成稳态搜索时段的接下的 1s,旧的参数值被弃用,新的一组参数值将被监控并记录。

当出现不满足稳态条件的事件(例如,监控时段还没有结束,给定的稳态参数值超出了相关容差带允许的范围),将开始新的稳态的搜索(稳态搜索时段计时器减 1),直到在整个稳态搜索时段中找到可接受的一组稳定参数。

每个航段只产生两个发动机稳态报告。第一个报告在满足稳态条件后产生,第二个报告为在 ER 方式,最后一个满足稳态条件的报告。

当飞行方式进入 ER 方式,判断发动机是否处于稳态的搜索任务启动,当已检测到稳定状态或 ER 方式结束时,搜索结束。第一次检测到发动机稳定状态时,产生发动机报告并存储在 NVM 中。报告中的参数值为稳态时段最后 20s 参数的均值,同时启动 1h 的"休息时段"。在休息时段不会启动对发动机稳态的新的搜索。

在 1h 的"休息时段"结束时,重复上述对于发动机稳态的搜索过程,直到搜索到稳态级别 E 或更高级的稳定状态时结束。在更高级的稳定状态点,发动机稳态报告中的各参数的均值将被存储在临时缓存器中(不覆盖第一个报告)但不产生报告,并启动新的 1h 的"休息时段"。在此时段内,不会执行新的搜索。随后每个发动机稳态检测的检测结果将存储在临时缓存器中并覆盖以前的数据(无视前一次存储的稳态数据的级别)。

上述的处理过程一直持续到 ER 方式结束。当飞行方式转换到 AL 或 RO 或者空/地继电器的状态转换到"地",存储在临时缓存器中的发动机稳态数据将用于产生发动机稳态报告,并存储在 NVM 中或地面下方。

(2)报告的内容。

① 报头和离散的快照数据(只取样一次)在稳态监控(搜索)时段的最后 1s 收集。

② 其他参数取稳态监控(搜索)时段最后 20s 的均值,报告格式如

图 6 - 4 所示。

③ 如果在进入 AL 方式后没有满足稳定条件的时段,将不产生和存储报告。

④ 滑油量的差值从第一次和最后一次稳态中获取,用于计算滑油消耗,它只在最后一个报告中出现。

⑤ 减推力起飞数据只出现在第一个报告中。

(3) 报告的分发。在完成数据的收集后,第一个和最后一个报告将通过 ACARS 发送到地面。

① 第一个报告在完成后,在 ER 方式的开始下发。

② 第二个报告在飞行方式从 ER 转到 DC 时发送。

③ 报告的格式如图 6 - 4 所示。

报告将被格式化并送到:

① 通过 MCDU 的请求送到打印机。

② 通过 MCDU 的请求,在 MCDU 上显示。

6.2 机载设备性能指标

6.2.1 机载设备工作性能的表示

ACMS 接收到的飞行参数来源众多,如发动机状态监控单元、大气数据系统、飞行控制计算机、飞行管理计算机、电子飞行仪表系统等。按传输信号类型可将飞行参数分为离散量、数字量和模拟量 3 个类别。

离散量又称为标志量。例如,"空/地标志"就是典型的离散量,它的 1 和 0 分别表示飞机在空中或地面上。机载设备 BIT 故障字中的数据位也可看作离散型参数,它们的 1、0 取值代表了机载设备各组件单元的自检结果,用于故障告警。对于离散型飞行参数,因无法反映机载设备工作性能的连续变化过程,不包含趋势信息而不能直接用于预测。

数字量通过 ARINC429 等数据总线[64]传送到 DFDR,如表 6 - 3 为某 A300 飞机 DFDR 数据译码后的存放格式。随着航空电子系统综合化发展,机载电子设备间广泛采用 ARINC429 规范进行相互通信;包括空客波音系列飞机、贝尔直升机、MD - 11、新舟 60 等在内的民用航空器均采用 ARINC429 数据总线标准。数字量参数除状态/故障字外,数值均能反映机载设备工作性能的连续变化过程。

表 6 - 3　某 A300 飞机 DFDR 数据译码后的存放格式

DATE	GMT	GMT	PRES. ALT.	RAD. HElG.	TAT	CAS	EPR	EGT	…
DAY	HOURS	MM:SS	Feet	Feet	Deg	Knots	ENG1	ENG2	
…	…	…	…	…	…	…	…	…	
			564	4085	30.75	152	1.399		
			572	0		156	1.399	547	
			600	18	30.75	160	1.399		
		39:37	624	48		163	1.399		
			664	85	31	165	1.399		
			708	129		164	1.399	549	
	8		744	180	31	166	1.399		
		39:41	788	232		166	1.399		
			844	284	30.75	165	1.399		
24			892	338		165	1.399	551	…
			948	394	30.5	162	1.399		
		39:45	1016	455		162	1.399		
			1064	516	30.25	163	1.391		
			1132	576		163	1.399	552	
			1184	641	30	163	1.399		
		39:49	1252	700		162	1.399		
			1300	759	29.5	161	1.399		
			1368	818		161	1.399	552	
			1416	877	29	161	1.399		
		39:53	1472	938		160	1.399		
			1524	987	28.75	160	1.399		
			1584	1042		159	1.399	552	
			1636	1104	28.25	159	1.399		
		39:57	1696	1165		158	1.399		
			1744	1224	28	158	1.407		
			1808	1304		157	1.407	552	
			1860	1370	27.5	156	1.407		
		40:01	1916	1447		156	1.407		
…	…	…	…	…	…	…	…	…	

模拟型飞行参数相对较少,但都比较重要。例如,新舟 60 飞机的方向舵偏角、升降舵偏角、副翼偏角等姿态参数均是模拟量。

依据飞行数据库中数值连续变化的数字或模拟量参数,可跟踪监测机载设备部件的工作性能变化。考虑到健康水平下降、结构性故障发生发展的缓慢性,在考察特定设备如航空发动机工作性能的变化规律和发展趋势时,仅需根据相应飞行参数以"班次"为单位制定性能评价指标持续监测,并面向监测所得数值序列构建模型,而非让该参数在历次飞行中的全部记录数据都参与建模运算。如此以来,不仅可以剔除海量历史记录数据中的无关、无用信息,而且还能大大降低建模运算量。

一次完整飞行通常要经历飞行准备、发动机启动、滑行、起飞、爬升、巡航、下降、进场、降落滑跑、发动机关闭等众多阶段。在不同的飞行阶段,QAR 记录的如发动机排气温度、压比、高/低压转子转速等与飞行状态关系密切的参数,其数值存在较大差异。因此,借助飞行参数对机载设备工作性能进行跟踪监测,需首先区分飞行阶段。

图 6 – 7 给出了某 A319 飞机与发动机工作性能相关的排气温度(EGT)、发动机压比(EPR)、高/低压转子转速(N2/N1)、燃油流量(FF)(单位磅/小时,Pounds Per Hour,PPH,$1lb \approx 0.45kg$)等参数在单次飞行中的全部记录数据,为了表明所属飞行阶段,图 6 – 7 中对应绘出气压高度 ALT 数据($1ft = 30.48cm$)。数据记录速率为 1 次/s。

通过观察 ALT 数据曲线,可判知:第 750 ~ 第 1750 个数据点,飞机处于爬升阶段;第 1751 ~ 第 5850 个数据点,飞机处于稳定巡航阶段;第 5851 ~ 第 7550 个数据点,飞机处于下降阶段。飞机巡航飞行时,驾驶因素影响小,且环境干扰少,因此这一阶段飞行参数记录值变化相对平稳,随机波动小。为了客观、真实地描述机载设备工作性能的下降过程,除少数需专门指定飞行阶段进行考察的参数(如起飞发动机排气温度裕量)之外,参与性能评价指标监测值计算的记录数据通常选自巡航阶段。

用 C_i^X 表示由参数 X 制定的性能评价指标在第 i 次飞行中的监测值,有

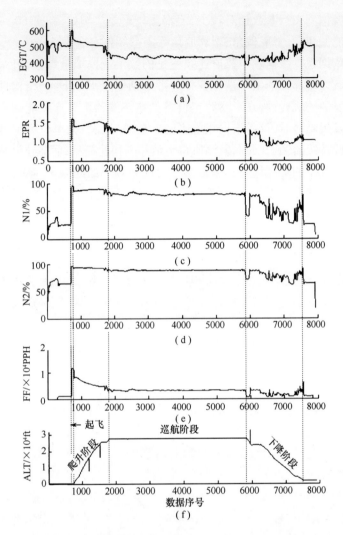

图 6 - 7　发动机有关参数在单次飞行中的完整记录数据

$$C_i^X = \frac{1}{l} \sum_{j=1}^{l} X_{ji} \qquad (6-1)$$

式中：$\{X_{1i}, X_{2i}, \cdots, X_{li}\}$ 为参数 X 在巡航飞行阶段、满足指定条件（为了保证采集数据质量，例如要求空气总温、飞行速度/高度、燃油流量等表示飞机工作环境和运行状态的参数变化幅度不超过限制值）的前 l 个

94

记录数据。数据集长度 l 可根据具体情况适当选取,例如 $l = 100$。

若与机载设备工作性能相关联的飞行参数不止一个,不妨标记为

$$X = (X^1, X^2, \cdots, X^k)^{\mathrm{T}} (k \in \mathbf{N} \text{ 且 } k > 1) \qquad (6-2)$$

则在计算设备性能评价指标

$$C_i^X = (C_i^{X^1}, C_i^{X^2}, \cdots, C_i^{X^k})^{\mathrm{T}} \qquad (6-3)$$

时,须保证参数 $X^1, X^2, \cdots, X^k$ 采样时刻的对应性。这是为了不削弱设备性能评价指标间的互相关性,因为多数情况下这种互相关性是与故障模式相联系的,"时刻对应"可为最终根据性能评价指标预测值分析机载设备未来健康状况、诊断潜伏故障提供便利。

6.2.2 航空发动机性能评价指标

航空发动机是飞机中故障率最高、维护任务量最大的系统,其运行状态好坏直接关系到飞行安全,是地面监控和维护工作的重点。后续章节在进行研究成果举例说明时,主要用到 IAE(International Aero Engines)公司生产的 V2500 型航空发动机的排气温度(Exhaust Gas Temperature, EGT)、排气温度裕度(Exhaust Gas Temperature Margin, EGTM)、压比(Engine Pressure Ratio, EPR)、高/低压转子转速(N2/N1, 相对于各自最大转速①的百分比)、燃油流量(Fuel Flux, FF)、高/低压转子振动幅值(VB2/VB1)等性能评价指标。表 6-4 给出了发动机的部分典型故障与上述性能评价指标间的联系[65]。

表6-4 发动机典型故障与性能评价指标间的联系

故障	性能评价指标
叶片外物打伤	转子转速、排气温度、振动幅值
旋转部件疲劳裂纹	振动幅值
机械侵蚀	发动机压比、燃油流量、高/低压转子转速
压气机封严磨损,漏气量增加	转子转速、排气温度、发动机压比

1) 排气温度(EGT)与排气温度裕度(EGTM)

EGT 是表征航空发动机工作性能的最重要参数之一,对其进行预

---

① V2500 型发动机的高/低压转子实际最大转速分别为 14915 和 5465r/min。

测分析,可追踪发动机健康状况的发展趋势,对预防故障发生、保障飞行安全有着重要意义。起飞 EGTM 定义为拐点温度下发动机全功率起飞时的 EGT 与型号所规定的 EGT 红线值之差[66]。由于起飞状态下发动机的平均推力最大,相应阶段的 EGT 也最高(如图 6-7 所示,峰值通常出现在飞机离地、起落架接近收起的时刻),因此它较准确地表达了发动机性能的临界状态。对于起飞状态采用单一调节规律的飞机,大多航空公司都将起飞 EGTM 作为发动机检测、维修和换发的重要依据,对其进行长期监测。

(1) EGT 升高原因。EGT 数值受发动机结构/部件性能影响,通常导致 EGT 升高的原因可归结为如下几项[67]。

① 气路原因。压气机、燃烧室、涡轮等单元体(图 6-8)的工作效率,常因老化、疲劳变形而下降,致使通过压气机的空气流量减少、推力降低。为了产生额定全推力,就要增大耗油量,直接导致 EGT 升高。压气机效率下降主要表现为叶片损伤、变形及表面粗糙度变差,叶片与机匣间隙变大,密封性变差等。

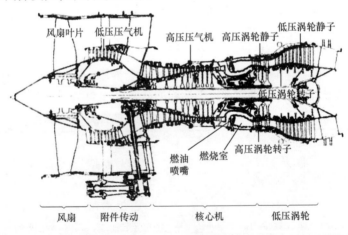

图 6-8　V2500 型发动机剖面图

② 燃油系统原因。燃油系统故障如喷嘴安装位置误差或积炭致使雾化不良、燃油计量装置故障等都可造成 EGT 超温或局部超温现象。

96

③ 环境原因。高海拔、低气压、严寒或空气中水分、盐分及微尘含量过高等,可造成起动缓慢,涡轮负荷加大,或形成富油燃烧,或使叶片腐蚀、密封性破坏,从而导致发动机效率下降,这都会使得 EGT 升高。

④ 其他原因。起飞滑跑时发生喘振,起动过程中提早关闭放气活门,机组人员操作疏漏等,也会引起 EGT 超温。

(2) 起飞 EGTM 估算。影响起飞 EGT 测量值(用 egt 表示)的主要因素如下:

① 发动机的起飞功率状态,用 EPR 和 MN 参数值衡量;

② 机场大气温度,对应一定的 TAT 参数值;

③ 机场海拔高度,对应一定的 ALT 参数值;

④ 发动机健康状况,发动机部件性能衰退或故障均会引起 EGT 测量值增加。

因此,无法只用起飞 EGT 测量值来表征发动机的健康状况。为了准确了解发动机工作性能的变化过程和规律,往往需要将不同观察点(用一组 EPR、TAT、ALT 和 MN 参数值表示)下的 egt 修正到同一参考点下[68]。

对于仅在低海拔机场起降的飞机而言,海平面状况是估算起飞 EGT 裕量常采用的参考点。海平面状况可表示如下:海平面,EPR 参考值,拐点温度,MN 参考值,其中拐点温度是在海平面高度发动机能够进行全功率起飞的最高大气温度[69]。不同型号的发动机,由于功率管理方案不同,其拐点温度、EPR 和 MN 参考值一般不会相同。以 V2526 – A5 型发动机为例,其拐点温度为 35.5℃,EPR 和 MN 参考值分别设置为 1.403 和马赫 0.3(二者一起对应着 V2526 – A5 型发动机的全功率状态)。

下面结合 V2526 – A5 型发动机,说明起飞排气温度裕量的估算步骤。估算起飞 EGTM 的主要工作是将在不同观察点(用参数 EPR、TAT、ALT 和 MN 的实测值 epr、tat、alt 和 mn 表示)下测得的 EGT 参数值修正至参考点(用海平面, 1.403, 35.5℃, 马赫 0.3 表示)下。对于在低海拔高度起飞时的情形,高度修正对 EGT 影响较小,因而直接用海平面代替观察点的真实海拔高度,不再单独对高度参数进行修正;此时观察点用 <海平面,tat,epr,mn 表示。

下述主要以 V2526 - A5 型发动机为例(表 6 - 5),对 TAT、EPR 和 MN 三个参数的换算操作:

表 6 - 5　V2526 - A5 型发动机排气温度基准值计算公式中的实验常数

系数	数值	系数	数值	系数	数值
c_1	154. 6429	c_5	- 2846. 7917	c_9	8.0
c_2	- 128. 1695	c_6	3870. 3535	c_{10}	3.0
c_3	4. 1667	c_7	- 1147. 8011	c_{11}	5.0
c_4	746. 5741	c_8	104. 8857	—	—

① 将 egt 修正至标准大气温度下[①],修正值用 $egt_{S.C.}$ 表示:

$$egt_{S.C.} = (egt + 273.15) \times [288.15/(tat + 273.15)]^{1.05}\ (K)$$

$$(6-4)$$

式中:1. 05 为实验常数,与发动机型号对应,由生产厂商提供。

② 计算 EPR、MN 实测值对 $egt_{S.C.}$ 的贡献

$$egt_{B.L.} = c_1 \times mn^2 + c_2 \times mn + c_3 \times epr^4 + c_4 \times epr^3 +$$
$$c_5 \times epr^2 + c_6 \times epr + c_7 +$$
$$c_8 \times mn \times epr + c_9 \times CAI + c_{10} \times WAI + c_{11} \times ECS\ (K)$$

$$(6-5)$$

式中:CAI 为发动机防冰状态,关闭为 0,打开为 1;WAI 为机翼防冰状态,关闭为 0,打开为 1;ECS 为环控系统引气状态,关闭为 0,打开为 1。$c_1, c_2, \cdots, c_{11}$ 属于实验常数,如表 6 - 5 所列。

③ 记

$$\Delta egt = egt_{S.C.} - egt_{B.L.}\ (K) \qquad\qquad (6-6)$$

表示 $egt_{S.C.}$ 中非 epr、mn 贡献的部分。

④ 计算标准大气温度下,EPR、MN 参考值所对应的排气温度:

$$ref\_egt_{B.L.} = c_1 \times 0.3^2 + c_2 \times 0.3 + c_3 \times 1.403^4 + c_4 \times 1.403^3 + c_5$$
$$\times 1.403^2 + c_6 \times 1.403 + c_7 + c_8 \times 0.3 \times 1.403\ (K) \qquad (6-7)$$

⑤ 用 $ref\_egt_{B.L.}$ 替换 $egt_{S.C.}$ 中的 $egt_{B.L.}$,完成对 EPR 和 MN 参数的修正:

---

① 国际标准大气:海平面处,大气温度15℃,空气密度1. 255kg/m³,气压101325Pa。

$$ref\_egt_{S.C.} = ref\_egt_{B.L.} + \Delta egt(K) \qquad (6-8)$$

⑥ 再将 $ref\_egt_{S.C.}$ 修正至拐点温度下,用 $egt_{MOD.}$ 表示最终修正值:

$$egt_{MOD.} = ref\_egt_{S.C.} \times [\,(35.5+273.15)/288.15\,]^{1.05} - 273.15(℃)$$

$$(6-9)$$

⑦ EGT 红线值与 $egt_{MOD.}$ 之差值决定起飞 EGTM:

$$egtm = 650 - egt_{MOD.}(℃) \qquad (6-10)$$

式中:650℃为 V2526 - A5 型发动机排气温度红线值。

2) 发动机压比(EPR)

发动机压比是反映涡轮风扇发动机推力水平的重要参数。它是低压涡轮出口总压与低压压气机进口处总压之比;通常用作控制参数来精确控制推力。压气机封严磨损,漏气量增加等都会造成 EPR 下降。

3) 高/低压转子转速(N2/N1)

涡轮风扇发动机的推力来自两路:一路是燃气涡轮(内涵道),另一路是风扇(外涵道)。低压转子转速 N1 决定着外涵道的空气流量,与之对应,高压转子转速 N2 决定着内涵道的燃气流量。气路故障如涡轮叶片变形/损伤、燃烧室、压气机老化等常引起发动机推力水平下降;为产生额定推力,就需要增加空气流量,使得高/低压转子转速提高。

4) 燃油流量(FF)

如上文所述,燃油流量受压气机、燃烧室、涡轮等单元体的工作效率,以及燃油系统故障等因素影响,因此通过监视燃油流量是否存在异常,可达到对上述单元体或部件工作性能监控的目的。

5) 高/低压转子振动幅值(VB2/VB1)

发动机振动监控主要用于识别发动机结构系统,特别是转子系统的机械状态和故障。非正常性振动(突发的或具有明显趋势的)往往是发动机的故障前兆,它可能因压气机、涡轮叶片、轴承等损坏或转子不平衡引起,也可能因发动机附件中的旋转件和传动齿轮失效或其他故障引起。利用稳定巡航状态下高/低压转子振动幅值变化趋势来反映高/低压转子的动平衡状况,可以尽早发现发动机的结构缺陷,避免严重的二次损伤。

6.2.3 机体结构性能评价指标

在一百多年的航空历史中,技术进步的同时也有一些灾难性的事故发生。飞行器结构作为飞行器的"骨骼",一旦出现损伤将会威及整个飞行器的安全。在过去的几十年中,因结构故障而引发的飞行事故屡有发生。在飞行器服役过程中,结构受到环境腐蚀、材料老化、疲劳、冲击、噪声等因素的耦合作用,不可避免地出现损伤。如果不能及时采取措施,会造成结构的损伤累积,很可能导致飞行器结构的破坏,引发灾难性的后果。

对所有的航空飞行器而言,腐蚀、疲劳和冲击损伤都是造成飞行器结构破坏的主要因素。更危险的是多种因素之间的耦合作用,例如腐蚀坑造成应力集中可能促使疲劳裂纹的提早萌生或加速扩展,进一步降低结构的疲劳寿命。结构一旦出现损伤,如果未得以及时的发现和处理,不仅直接影响飞行安全,同时还会带来运行维护费用的大幅度提高和飞机服役期限的降低。

结构系统虽不是航空飞行中故障率最高的,但是由于其特殊性,一旦发生损伤将会导致严重的后果,因此人们开始重视飞行器结构的健康状况。传统的无损检测技术,如C扫描、X射线、激光全息照相技术、红外热成像技术、剪切散斑干涉等通常都需要人工参与,而且需借助于复杂的外部设备元件,只能进行事后的检测,而不能进行实时在线监测。随着人们对飞行器结构安全性要求的提高,需要实时在线监测飞行器结构的健康状态,无损检测技术不能满足这种要求。

1) 结构健康管理发展

NASA在飞行器健康管理技术方面做了多年的探索和研究工作,已经完成了大量的概念验证和实验室验证工作,部分技术已经经过飞行试验阶段。

针对X-33先进技术验证机所开发的健康管理系统,采用了分布式传感器网络对飞行器进行监控,并能够在地面进行基于统计模型的异常检测与预测,对其中的部分功能在F/A-18B飞机上进行验证。

X-33/RLV的机体健康管理系统(Vehicle Health Management, VHM)安装在飞行器上,作为下行遥测设备的数据源,它监控和记录

X – 33 的所有数据,包括飞行数据、机体数据(结构、机械以及系统 BIT 状态)和飞行测试设备采集的数据。该 VHM 系统分为 3 个子系统。第一个子系统使用分布式智能传感结构,从通用传感器上采集数据。采集到的数据由 50 个远程健康节点(RHN)集中起来,并通过健康光纤总线(HOB)与机载计算机进行通信。第二个子系统位于 VHM 的中心,监控和记录 6 条 MIL – STD – 1553 总线上的数据。第三个子系统使用分布式温度、氢、应变光纤传感器对可重复使用低温油箱进行检测。地面数据处理中心接收到机载数据采集系统传来的数据后,对选定的子系统数据进行分析,可以探测故障和故障发展趋势,有助于操纵、维护的决策。

NASA 兰德研究中心与航空无线电通信公司(ARINC)合作开发了飞机状态分析及管理系统 ACAMS(Aircraft Condition Analysis and Management System),采用基于应变和基于声发射的监测方法对疲劳裂纹进行监控,通过对湿度和金属离子的监测实现对腐蚀状况的监控。

美国洛克希德·马丁公司研发的下一代作战飞机 F – 35 采用了故障预测与健康管理(PHM)技术。PHM 相对于传统的机内测试和健康监控,引入了故障预测功能,即能够实现残余使用寿命估计、部件寿命跟踪、性能降低趋势跟踪等,并基于这种能力对维修活动作出适当决策,其主要目的是实现视情维修和自主保障、降低使用和保障费用、提高飞机的战备完好性。

美国波音公司开发了飞机状态管理系统(Aircraft Health Management System,AHMS),将健康管理技术应用到民用航空领域。飞机状态管理系统首先在波音 777、波音 746 – 400 飞机上使用,并逐步扩展到其他机型。飞机状态管理系统能够在飞行中实时采集飞机状态数据,将状态数据与专家经验相结合进行飞机关键部件的故障实时诊断与预测,并将有关信息传回地面。飞机状态管理系统的应用可以使地面机务人员提前远程获悉飞机健康状态并进行相关维护维修准备,从而显著提高了飞行安全和航空公司运营效率。波音公司与夏威夷大学联合开发了多源数据融合的综合飞机健康管理(IAHM)系统,融合了 F/A – 18,C – 17 和波音 737 等多种军用飞机和民航飞机的机载和离线数据,用以提高飞行器系统的可靠性、安全性、维修性、可用性和经济性。

英国于20世纪80年代初期针对直升机振动监控问题开发了健康与使用状况监控系统(Health and Usage Monitoring Systems,HUMS),可以监控转子的轨迹和平衡,发动机、齿轮箱和传动副的完好状态。英国史密斯航宇公司还开发了飞行和使用管理软件(FUMSTM),对大量的飞行数据进行自动的分析、融合、挖掘以实现对飞机的诊断、预测和寿命管理。

在国内,西北工业大学、北京航空航天大学、南京航空航天大学以及一些航空航天科研院所等单位跟踪国外飞行器健康管理相关技术的发展和应用状况,尝试进行飞行器健康管理技术跟踪研究和关键技术的攻关,取得了一定的成果。

2)传感器选择与布局优化

一些新型的传感器如光纤传感器、无线传感器、微/纳米传感器和采用数字信号通信的智能传感器等,具有良好的应用前景。目前,急需提高这些新型传感器的技术成熟度、研究开发新的应用方法、高效鲁棒的组网方式、传感器容错技术,研制更多新型高效的传感器,研究传感器优化布置的评价体系方法,满足在健康管理系统中的实际需要。

传感器是健康管理系统的信息源,传感器布局关系到是否能够准确及时地监测到结构损伤,进一步关系到是否能够给出合理的剩余寿命预测和维护维修决策,因而它是结构健康管理中值得关注的重要问题。

对飞行器结构这样的大型的复杂的结构,按照通常的传感器布置方法,需要布置大量的传感器。对飞行器结构而言,为了减轻飞行器重量、降低系统复杂性、提高系统稳定性和可靠性、控制经济成本,应该做到使用尽可能少的传感器获得尽可能多的结构信息。飞行器结构在复杂载荷下工作,结构中的应变场和应力场十分复杂,不同的测点对故障模式的灵敏性差异很大,因此针对飞行器结构的测点布局优化是一个十分具有挑战性的问题。

3)结构健康状态识别

结构损伤识别是结构健康管理系统的核心功能,也是进一步实现结构剩余寿命预测的基础条件。近几十年来,国内外航空航天、桥梁建筑等专业领域的研究人员对结构损伤识别技术进行了广泛而深入的研究。研究的重点包括结构监测手段、驱动器/传感器技术、信号处理技术、损伤识别算法等方面。

从结构监测手段方面区分,结构损伤识别方法可大体上分为主动方法与被动方法两大类。主动方法采用驱动器在被监测结构中进行激励,进而采用传感器对结构响应进行测量,进而分析结构的损伤状态;被动方法不需要驱动器,而直接采用传感器采集外部冲击造成的扰动或应变、温度、振动模态等与结构健康状态相关的信息。传感器采集有用的数据和信息以后,通常还必须进行信号处理,最后采用损伤识别算法对结构损伤进行识别。通常对结构进行损伤识别的流程,如图 6 - 9 所示。

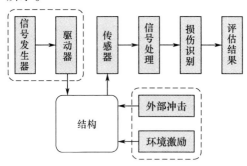

图 6 - 9　结构损伤识别流程图

对具体的结构损伤识别问题,驱动器/传感器的选用和布置、信号处理方法和损伤识别算法的选择都取决于具体的结构形式以及所采用的监测手段。以监测手段为依据分类,可分为以下几种结构损伤识别方法。

（1）应变监测。在结构损伤处附近会产生应力集中效应,进而导致应变分布的改变。因此通过监测结构应变可以有效地对结构健康状态进行监控。同时应变也反映了结构构件的局部受力情况,可以进一步获取结构的疲劳程度、评价结构的安全、估计结构剩余寿命。

（2）振动监测。基于结构振动的损伤识别基本思想是损伤的出现会引起物理特性的变化,进而导致结构动态特性的变化。因此根据结

103

构动态特性变化可以监测结构的损伤,从本质上讲是结构动力分析的反问题。由于振动的监测可以在结构工作状态下进行,而且结构动态特性是由整体物理特性决定的,因此能够对飞行器这样的大型复杂结构进行整体实时监测。振动监测方法分为两类:利用驱动器对被监测结构施加激励而产生振动,属于主动方法;由结构在服役情况下受到环境的激励(如飞机的气动载荷)而产生振动,属于被动方法。

腐蚀已成为飞机结构完整性必须解决的问题之一,因此,更应该对飞机的腐蚀问题建立一套完整的健康检测体系,从设计、制造、使用和维护全过程进行管理,尽量减少腐蚀对飞机结构的危害,延长飞机的日历寿命。

飞机结构常见的腐蚀部位有如下几种。

(1)蒙皮。飞机蒙皮的作用是维持飞机外形,使其具有良好的空气动力特性。蒙皮承受空气动力作用后将作用力传递到相连的机身机翼骨架上,蒙皮主要受到剪力与剪流,并且直接与外界接触。随着服役年限的增加,加之恶劣的外界环境和复杂的受力情况,飞机蒙皮会逐渐受到不同程度的腐蚀,并且与铆钉连接部位处的蒙皮腐蚀会更加严重,甚至会出现应力腐蚀裂纹,如图 6 – 10 所示。机翼前后梁上下缘条与蒙皮的搭接处,机身蒙皮与加强板搭接处,前梁下壁板、油箱下壁板及Ⅰ、Ⅱ号襟翼下壁板,中央翼油箱上表面,油箱内部,起落架舱内表面等等均会出现不同程度的腐蚀。通常机身、机翼和尾翼的下表面蒙皮比上表面蒙皮腐蚀严重。

图 6 – 10　蒙皮与铆钉连接处的应力腐蚀裂纹

(2)飞机搭接处的紧固件、连接件。飞机结构连接部位,尤其是紧固件周围,由于存在间隙、应力高而变形等因素,往往容易出现涂层开裂、鼓泡或脱落,导致连接部位金属基体产生腐蚀。腐蚀严重部位集中于紧固孔周围、接缝部位及其他件连接的结合面、蒙皮内表面与缘条、长桁、隔框接触的部位。铆接、螺栓连接、耳片－销轴连接等结构的缝隙有毛细吸附作用,极易引入和滞留腐蚀性水介质,为缝隙腐蚀创造了条件。文献[14]指出机身、机翼、平尾、垂尾等结构部位桁条与蒙皮之间胶接点焊部位出现了大面积腐蚀损伤,多处桁条腐蚀断裂,失去了承载能力;机翼后梁、平尾后梁、机身地板梁等关键结构也出现严重腐蚀,腐蚀现象主要集中在中央翼上、下壁板和机身长桁外部蒙皮铆钉处、短舱外蒙皮、尾部框条等部位。飞机搭接处的紧固件、连接件主要失效形式为缝隙腐蚀、应力腐蚀开裂以及腐蚀疲劳等。

（3）起落架。飞机起落架是飞机的重要组成部分,承受飞机在地面停放、滑行、起飞着陆滑跑时的重力,吸收和消耗飞机在着陆过程中的撞击和颠簸能量。起落架所处外界环境多变,尤其是在冬季冰雪环境下,机场道面的积雪及结冰等严酷条件严重威胁着飞机的正常滑行和起降,机场道面除冰液容易对飞机零部件,特别是起落架连接件等部件造成腐蚀,产生安全隐患。飞机起落架的材料为高强结构钢,在冲击交变载荷的作用下,可能诱发应力腐蚀开裂（SCC）造成飞行事故。飞机起落架外筒收放作动筒连接摇臂由于表面局部的防护漆层损伤,在交变应力和严酷环境的协同作用下,导致小蚀坑及微裂纹萌生并扩展,最终连接摇臂早期失效。飞机主起落架收放作动筒也易腐蚀疲劳,腐蚀疲劳起源于作动筒外壁由于加工缺陷留下的网状裂纹,作动筒断裂属多源腐蚀疲劳断裂,断口断裂性质为腐蚀疲劳和冲击脆性断裂。由于轮轴定位孔倒角部位未经防腐处理,飞机右起落架轮轴在应力腐蚀和疲劳交替作用下在轮轴定位孔处萌生裂纹。某飞机起落架扭力臂上轴在使用后发生裂纹,该裂纹是在较大的表面剪切摩擦应力与扭转应力的共同作用下发生的开裂,然后以应力腐蚀的方式扩展。此外,还有报道某型轰炸机主起落架固定螺桩应力腐蚀断裂,某歼击机腐蚀疲劳断裂等起落架失效案例。飞机起落架结构的主要腐蚀形式有腐蚀疲劳和应力腐蚀开裂。

（4）整体油箱。油箱壁板因微生物腐蚀而造成漏油的案例也不在少数,微生物腐蚀是在特定的环境下,细菌繁殖,其生命活动产物影响电化学过程加速腐蚀进程。

为了保证飞机结构的安全,有效地抑制飞机的结构腐蚀,腐蚀检查与监测就显得十分重要了。环境物理因素的类型、湿度、pH 值、温度、应力状态、Cl⁻等都对腐蚀过程有影响,飞机结构腐蚀部位分散度大、隐蔽性强以及难以预测,这就对腐蚀监测提出了更为严格的标准,而且监测的指标复杂多样也是一大难题。

6.3 发动机性能指标监测序列的特点分析

6.3.1 综合分析

例如,图 6 - 11 显示的是某航空公司 A319 飞机装载的编号为 011663 的 V2500 型航空发动机自 2006 年 1 月 1 日至 2006 年 12 月 31 日的性能指标监测序列。序列值是由满足下列条件的巡航阶段 QAR 记录数据计算得出:

(1) 马赫数(MN)变化不能超过 0.005:MN ± 0.005;

(2) 空气总温变化不能超过 1℃:TAT ± 1℃;

(3) 稳定的发动机推力水平,即压比变化不能超过 0.02:EPR ± 0.02;

(4) 自动驾驶保持高度:ALT ± 100ft。

其中,EGTM 监测序列值已修正至标准大气温度(15℃)下。由于机场维护、检修等机务活动所造成的正常停飞,该飞机在一年当中实际只执行了 325 次飞行。图 6 - 11(b) ~ (e)中包含异常数据点,这可能是由数据采集、记录错误引起的,也可能对应着发动机故障。

图 6 - 12 显示的是某航空公司编号为 011464 的 V2500 发动机自 2006 年 1 月 1 日至 2006 年 12 月 31 日的高/低压转子振动幅值监测序列。

图 6 - 13 显示的是某航空公司编号分别为 B2296、B2297、B6039 和 B6040 的 A319 飞机所装配发动机的起飞 EGTM 监测序列。

通过观察图 6 - 11 ~ 图 6 - 13,能够发现航空发动机各性能指标监测序列具有以下特点:

(1) 趋势性。例如 EGTM、VB1 监测序列呈现出数值增大的趋势,而起飞 EGTM 监测序列呈现出数值下降趋势。这可解释为:① 随着服

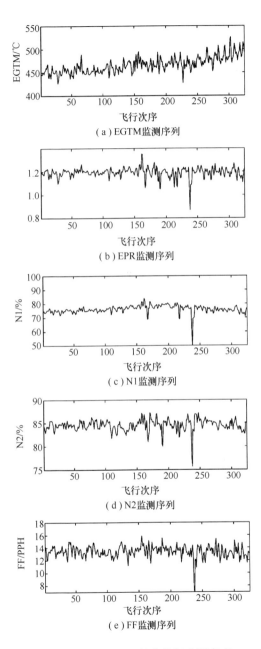

图 6 - 11　某发动机性能指标监测序列

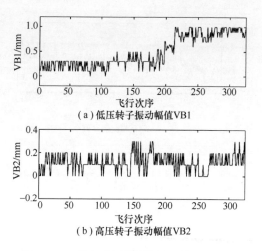

图 6 – 12　某发动机转子振动幅值监测序列

役期的增加,发动机热部件(如燃烧室、涡轮等)、旋转部件(如轴承)等出现了疲劳变形或机械磨损,换言之,产生了"老化"现象;② 发动机部件故障。

(2)随机性。各性能指标监测序列数据离散度大,具有明显的随机特征。这可解释为:① 机载设备工作性能变化具有随机性,这种随机性源自设备内在的不确定性因素;② 环境、机身载荷、驾驶因素等产生的随机影响;③ 传感器的测量噪声;④ 数据处理时产生的舍尾误差,等等。

在产生随机性的诸因素中,②、③、④可归结为大量外来随机因素引入的有害噪声,需要抑制和消除,可用高斯白噪声$\{w_t\} \sim N(0, \sigma_w^2)$加以描述。

后续章节中用$\{S_1, S_2, \cdots, S_n\}$统一表示各性能指标监测序列,$n$是总飞行次数。它由下列 4 种成分构成:① 趋势项$\{T_1, T_2, \cdots, T_n\}$;② 平稳随机项$\{R_1, R_2, \cdots, R_n\}$;③噪声$\{w_1, w_2, \cdots, w_n\}$;④异常值。对于剔除异常值后的性能指标监测序列,存在如下关系式

$$S_t = T_t + R_t + w_t, t = 1, 2, \cdots, n$$

根据序列特点可令$T_t = 0$。

通常来说,不同性质的飞参数据序列应当根据自身特性,合理地选

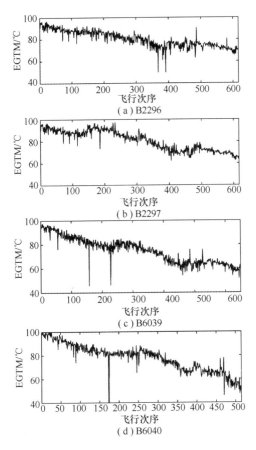

图 6 – 13 某发动机起飞 EGTM 监测序列

取分析方法。接下来本小节主要研究如何为时间序列分析方法的选择和预测模型的建立提供科学的建议,从而提高预测速度和预测准确性。从各个时间序列分析方法的适用条件考虑,在进行算法选择时需要考虑的主要因素有序列的平稳性、趋势性、周期性以及混沌性等。下面将围绕着如何进行以上参数特性分析展开研究。

6.3.2 平稳性分析

虽然 SVM 对所处理的数据的平稳性没有要求,但是有些算法,例如经典的 ARMA 模型适合用于平稳序列,然而部分飞参数据并不符合平稳条件。因此,在应用 ARMA 模型前需要使用差分方法去除序列的趋势项和周期项,使之近似平稳[19]。这种处理方法的缺点是丢掉了序列中趋势项和周期项信息,势必影响整体的预测精度。

对时间序列进行平稳性检验是建立 ARMA 模型之前的基本要求,如果序列为非平稳则 ARMA 模型的参数估计和检验统计量将失去通常性质,最终的预测结论也可能出现错误。飞行数据受飞机飞行状态、工作环境因素等影响会表现出一定的趋势性或是季节性,而不是平稳的,如发动机排气温度(EGT)受外界温度影响较大,不能将这些数据直接用于故障预报,应该事先进行鉴定并处理。

进行时间序列平稳性的方法有很多种,主要分为参数检验和非参数检验两大类。参数检验在对序列分布不知道或了解很少时变得不可靠,甚至会发生较大偏差。常用的参数检验有单位根检验法。而非参数检验是一种不依赖于总体分布知识的检验方法,适应性强,应用广泛。常用的非参数检验有逆序检验法和游程检验法。本书采用非参数检验方法进行平稳性检验。

游程检验法(或轮次检验法)属于平稳性的非参数检验法。该方法不需要假设数据的分布规律,检验条件比较宽松,也易于理解。

游程定义为具有相同符号的序列,这种符号可以把观测值分为连个互斥的类。如果观测值大于均值则该观测值处记为" + ",反之记为" – ",这样一个序列可以被划分为多个不同的游程。游程的长短不重要,游程太多或是太少都将被认为是存在非平稳趋势。

游程判断的原假设为:"样本数据出现顺序没有明显趋势,就是平稳。"统计量包括:

N_1 = 一种符号出现总数;

N_2 = 另一种符号出现总数;

γ = 游程的总数。

γ 是检验统计量,对于给定的显著水平 α 的双边检验,可以得到概率分布左右两侧为 $\alpha/2$ 时的上下限,如果 γ 在这个界限内就可以认为原假设成立。

当 N_1 或 N_2 大于 15 时可用正态分布近似,统计量为

$$Z = \frac{\gamma - \frac{2N_1 N_2}{N_1 + N_2} - 1}{\left[\frac{2N_1 N_2 (2N_1 N_2 - N_1 + N_2)}{(N_1 + N_2)^2 (N_1 + N_2 - 1)} \right]^{1/2}} \qquad (6-11)$$

对于显著水平 $\alpha = 0.05$,如果 $|Z| \le 1.96$,则接受原假设,即序列平稳。

6.3.3 趋势性分析

6.3.1 节所述,监测序列的典型分解形式可为

$$S_t = T_t + R_t + w_t$$

传统的时间序列分析方法中,只针对 R_t 进行预测建模分析以获得短期的预测数据,忽略了序列长期趋势信息。因此对序列的趋势项进行分析和提取能够帮助研究人员获取更多有关序列的信息,这对于飞行参数的故障预报分析尤为重要,研究人员可以根据序列的发展趋势进行有效的飞机寿命估计。

本书采用多项式拟合法提取原始序列的趋势项。在大量的实验分析的基础上,得出利用二阶多项式就可以很好的拟合趋势项,因此设 $T_t = at^2 + bt + c$,利用最小二乘原理求解参数 a、b、c。

选取某航空公司一台现役发动机巡航阶段的性能参数:EPR(压比)、EGT(排气温度)、N1(低压转子转速)、N2、FF(燃油流量)、VB1(低压转子振动值)、VB2(高压转子振动值)、OIP(滑油压力)、OIT(滑油温度)。

图 6-14 依次显示了 EPR、EGT、N1、N2、FF、VB1、VB2、OIP、OIT 等 9 个发动机性能参数一年内的变化情况,由于各参数的取值范围差别很大,因此直接观察并没有表现出明显的趋势或是周期,需要对这些数据进一步进行归一化处理,以消除个别比较大或者是小的数据的影响。

使用归一化后数据,所得的结果如图 6-15 所示,由图 6-15 可以看出各参数的变化趋势,其中 VB1 变化范围最大,在第 183 天处下降达到 50%。EGT 与 OIT 的变化幅度接近 0.09,较为明显。EPR、N1、N2 和 FF 略有下降但不明显,变化幅度均小于 0.04。VB2 与 OIP 的二次项系数 $a > 0$,但幅度均小于 0.04,呈缓慢上升趋势。

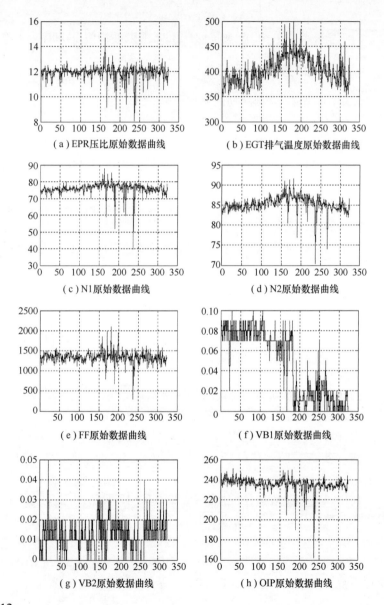

（a）EPR压比原始数据曲线

（b）EGT排气温度原始数据曲线

（c）N1原始数据曲线

（d）N2原始数据曲线

（e）FF原始数据曲线

（f）VB1原始数据曲线

（g）VB2原始数据曲线

（h）OIP原始数据曲线

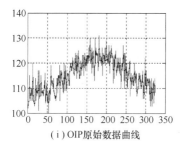

（i）OIP原始数据曲线

图 6 – 14　飞行参数原始数据曲线

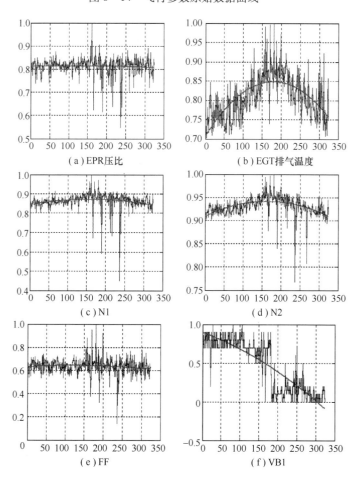

（a）EPR压比

（b）EGT排气温度

（c）N1

（d）N2

（e）FF

（f）VB1

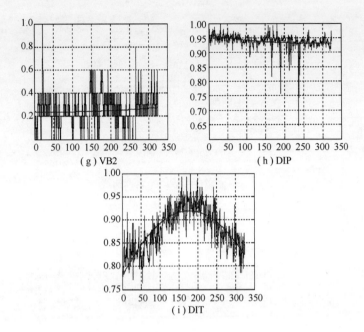

图 6 - 15　多项式拟合

第7章

飞行数据预处理

在介绍利用飞行数据进行故障诊断和故障预报之前,首先要对飞行数据的特点进行分析。受飞机作业环境、驾驶因素、传感器测量噪声及故障等影响,飞行记录数据中往往包含噪声和异常数据点。噪声的特点是随机性,不可预测;它常使机载设备性能指标监测序列偏离其真实的变化规律。因此在构建其工作性能变化规律模型时,消除或减少监测序列数据中的异常值和噪声,提高飞行数据建模利用的准确性,显得非常必要。

7.1 概　述

如图 6 – 11 与图 6 – 12 所示,发动机性能指标监测序列中的不合理跳点称作异常值,以及非高斯噪声的存在。它们可能是由外界干扰、传感器/仪表故障或数据传输错误等原因引起的。如果不将异常值和噪声从监测序列数据中排除掉,或者将监测序列数据中存在的一定数量的合理分散点视为异常值加以剔除,都将影响监测序列模型辨识和构建的准确性。所以,需要依据一定的准则,辨识真正异常值和噪声,将其剔除或减少其影响。

7.1.1 异常值辨识方法

目前,异常值检测方法主要有基于分布模型的方法、基于切比雪夫不等式的方法以及基于距离的方法。

1) 基于分布模型的方法

此类方法假设数据集存在一个概率模型,并依据概率模型运用统计检验准则来发现异常值。例如,假设数据集服从正态分布,当样本点足够多时,工程上常采用"3σ"准则来检测异常值。该方法需要事先明确数据集的特征参数(均值、方差等)和分布函数;然而多数情况下,序列数据集并不能被任何标准分布所描述,使其可操作性较差。

2) 基于切比雪夫不等式的方法

设 S 为一随机变量,且存在有限方差,有不等式

$$P(\,|S-E(S)|<\varepsilon) \geqslant 1-\frac{D(S)}{\varepsilon^2}, \quad \forall \varepsilon>0 \qquad (7-1)$$

式中:$P(\cdot)$表示计算概率;$E(\cdot)$表示取期望;$D(\cdot)$表示取方差。

此不等式称为切比雪夫不等式。异常值辨识中,常令 $\varepsilon=c\cdot\sqrt{D(S)}=c\cdot\sigma,c>0$ 为一常数,于是

$$P(\,|S-E(S)|<c\cdot\sigma) \geqslant \frac{c^2-1}{c^2} \qquad (7-2)$$

具体操作时,例如取 $c=10$,根据切比雪夫不等式,事件"$|S-E(S)|\geqslant 10\sigma$"发生的概率不超过 1%;给定待检验样本 s,当"$|s-E(S)|>10\sigma$"发生时,我们认为 s 为异常值,显著度为 0.01。同基于分布模型的方法比较,其优点是无需知道数据集的分布模型;但可能使得"检验阈值"取值过高。可用于"明显"异常值辨识。

3) 基于距离的方法

如果一个样本集中至少有 k 个数据点与零的欧几里得距离大于 d,则零是样本集中含有参数 k 和 d 的异常值。该方法不依赖样本数据的分布特征,但异常值判定常受参数 k 和 d 影响。

7.1.2　噪声去除方法

对于飞行数据而言,目前噪声去除的方法主要分为基于神经网络的方法和基于滤波的方法。

1) 基于神经网络的方法

近年来,神经网络技术在数据挖掘中的应用日益广泛。神经网络最有用的特性之一就是天生具有的学习能力使它能够实现输入空间到

输出空间的映射。这个特点解决了飞参数据各个参数之间函数关系不明确的问题,研究者能够利用神经网络的方法拟合出部分参数间的函数关系,对目标参数进行预测和异常值处理。

不同的神经网络模型应用到飞参数据集中可以解决不同的问题,比较典型的神经网络模型有 BP 神经网络、RBF 神经网络、自组织特征神经网络、广义神经网络和模糊神经网络等。

例如,利用神经网络的方法可以有效地解决飞机发动机输入与输出函数之间的拟合关系问题,对目标参数进行网络预测并去除发动机参数的噪声。西安空军工程大学的曲建岭、唐昌盛教授等人研究了利用广义回归神经网络和参数之间的关系对飞参系统记录的发动机参数进行预处理,去除噪声,得到了正常的数据。

2)基于滤波的方法

随着滤波技术的不断发展,在飞参数据预处理研究中也应用到了很多数字滤波技术。飞参数据集也是一定的时间序列,利用动态的滤波技术可以去除数据集中的噪声,达到飞参数据预处理的目的。并且,滤波方法实现异常值处理的效率高、准确度高。海军航空工程学院邱智提出的利用数字滤波技术处理飞参数据的方法。对于飞参数据中的噪声采用最小二乘法为基础的 15 点中点动态估算数字滤波方法进行处理。中点动态估算能较真实而细致地反映测量数据的基本特征和变化规律,从而得到满意的滤波结果。

7.2 异常值辨识与剔除

对如图 6-11 所示的发动机性能指标监测序列 $\{S_1, S_2, \cdots, S_n\}$,因不具有明显的趋势成分,常当作平稳时间序列对待,认为序列数据服从同一概率分布模型。针对此种情况,研究提出了"不含趋势项监测序列的异常值辨识与剔除算法"。

7.2.1 不含趋势项监测序列的异常值辨识与剔除算法

1)算法内容

算法 7.2.1(不含趋势项监测序列的异常值辨识与剔除算法)

（1）去掉序列样本数据集中前 k 个最大和最小值,粗略估计保留数据集(可能仍含异常值)的均值 $\bar{\mu}_{\text{rough}}$ 和标准差 $\bar{\sigma}_{\text{rough}}$; $k \in \mathbf{N}$ 可令 $(2k/n) \times 100\%$ 近似等于监测系统异常值统计发生率,最小取 1;若没有发生率经验数据输入时, $k=1$ 。

（2）以间隔 $\bar{\sigma}_{\text{rough}}/kk$ 划分区间 $[S_{\min}, S_{\max}]$, $S_{\max}$ 和 $S_{\min}$ 分别是序列样本集的最大、最小值; $kk \in \mathbf{N}$ 是可调节参数,可取 1、2 或 3;当 n 较小时, kk 取较小值。

（3）统计各子区间内的样本数目,将落在同一子区间内的样本数据集称为"样本簇",将位于边缘处、成员数很少的孤立样本簇视为"可能异常值"。

（4）去掉"可能异常值",估计保留样本集的均值 $\bar{\mu}_0$ 和标准差 $\bar{\sigma}_0$ 。

（5）若样本数据近似服从正态分布,则应用"3σ"准则辨识异常值;其他情形,基于切比雪夫不等式

$$P(|S_t - \bar{\mu}_0| < c \cdot \bar{\sigma}_0) \geqslant \frac{c^2 - 1}{c^2}, \quad t = 1, 2, \cdots, n \qquad (7-3)$$

辨识异常值,不妨取 $c=10$,对应显著度 0.01。

（6）将步骤(5)中辨识出的异常值集合标记为 abn. _dataSet0。

（7）估计全部样本集(包含"可能异常值")的均值 $\bar{\mu}_1$ 和标准差 $\bar{\sigma}_1$ 。

（8）重复步骤(5)辨识异常值,此时切比雪夫不等式中的参数相应更改为 $\bar{\mu}_1$ 和 $\bar{\sigma}_1$,将辨识出的异常值集合标记为 abn. _dataSet1。

（9）将 abn. _dataSet0 与 abn. _dataSet1 的交集作为算法输出的异常值。

（10）剔除异常值,用其前后最邻近正常数据的平均值补正。

2）孤立样本簇及可能异常值辨识程序流程

算法 7.2.1 实现中,辨识孤立"样本簇"及"可能异常值"的程序流程如图 7-1 所示。

（1）设 $[S_{\min}, S_{\max}]$ 被分割为 num 个区间段;统计各样本簇的成员数目 $N_1, N_2, \cdots, N_{num}$,并找出成员数不为 0 的簇(共有 m 个)编号 $I_1, I_2, \cdots, I_m \in \{1, 2, \cdots, num\}$ 。

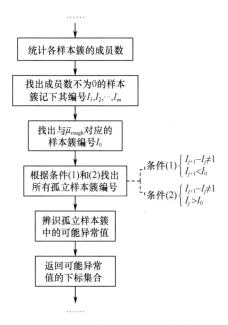

......

統計各樣本簇的成員數

找出成員數不為0的樣本簇記下其編號 $I_1, I_2, \cdots, I_m$

找出與 $\overline{\mu}_{rough}$ 對應的樣本簇編號 I_0

根據條件(1)和(2)找出所有孤立樣本簇編號

條件(1) $\begin{cases} I_{j+1}-I_j \neq 1 \\ I_{j+1} < I_0 \end{cases}$

條件(2) $\begin{cases} I_{j+1}-I_j \neq 1 \\ I_j > I_0 \end{cases}$

辨識孤立樣本簇中的可能異常值

返回可能異常值的下標集合

......

图 7 - 1 孤立样本簇及可能异常值辨识流程

（2）找出 $\overline{\mu}_{rough}$ 所对应的样本簇编号 I_0，设 j^- 是满足 $I_{j+1} - I_j \neq 1$ 且 $I_{j+1} < I_0$ 的最大下标，则 $I_1, \cdots, I_{j^-}$ 是位于直方图左侧的孤立样本簇编号；设 j^+ 是满足 $I_{j+1} - I_j \neq 1$ 且 $I_j > I_0$ 的最小下标，则 $I_{j^+}, \cdots, I_m$ 是右侧孤立样本簇编号。

（3）对于第 $i \in \{I_1, \cdots, I_{j^-}, I_{j^+}, \cdots, I_m\}$ 个孤立样本簇，令 $t = 1 \rightarrow n$，如果

$$S_t \in S_{min} + \left[(i-1) \cdot (\overline{\sigma}_{rough}/kk), i \cdot (\overline{\sigma}_{rough}/kk) \right]$$

则 S_t 是"可能异常值"。

（4）找出所有孤立样本簇中的"可能异常值"，返回其下标集合。

3）应用举例

下面结合图 6 - 11 中的 FF 监测序列，对算法 7.2.1 进行举例说明。

燃油流量监测系统的异常值统计发生率未知，取 $k = 1$；FF 监测序列长度较大，不妨取 $kk = 3$。去掉最大、最小值后计算得到 $\overline{\sigma}_{rough} = 86.953$，以间隔 $\overline{\sigma}_{rough}/3 = 28.98$ 划分 FF 取值区间，并绘制频数直方

图(图7-2(c))。将孤立"样本簇"中包含的序列值 S_{237}、S_{238},视作可能异常值;去掉可能异常值,计算保留样本均值和标准差,得到 $\bar{\mu}_0 = 1340.1$,$\bar{\sigma}_0 = 81.878$;应用"3σ"准则进行辨识,得到异常值集合 $\{S_{155}$ $S_{237},S_{238}\}$;计算全部样本集的均值和标准差,得到 $\bar{\mu}_1 = 1336.1$,$\bar{\sigma}_1 = 96.349$;再次应用"3σ"准则,得到异常值集合 $\{S_{237},S_{238}\}$。于是算法7.2.1输出的异常值为 $\{S_{237},S_{238}\}$,如图7-2(a)中的"○"所示;剔除异常值之后的序列如图7-2(b)所示。

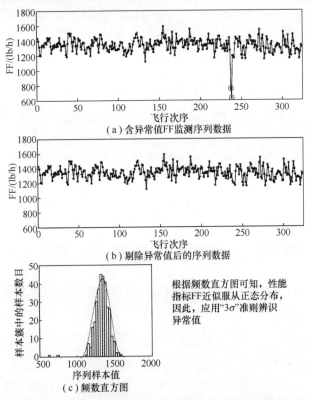

（a）含异常值FF监测序列数据

（b）剔除异常值后的序列数据

根据频数直方图可知,性能指标FF近似服从正态分布,因此,应用"3σ"准则辨识异常值

（c）频数直方图

图7-2　算法举例:剔除 FF 监测序列中的异常值

7.2.2　含趋势项监测序列的异常值辨识与剔除算法

如图6-11所示的起飞 EGTM 监测序列,因存在趋势项,算法7.2.1不再适用。针对此种情况,研究结合统计直方图、多项式拟

120

合、距离辨识、切比雪夫不等式/分布模型辨识等多种方法研制算法,提出了含趋势项监测序列的异常值辨识与剔除算法。其实现思路如下:首先采用多项式拟合方法,提取监测序列中的趋势成分;再针对保留序列,应用切比雪夫不等式或分布模型辨识异常值;最后对应找出原始监测序列中的异常值,剔除并补正。

1) 算法内容

算法 7.2.2 (含趋势项监测序列的异常值辨识与剔除算法)

(1) 为降低异常值对序列趋势成分多项式拟合效果的影响,首先采用基于距离的辨识方法去掉明显异常值,具体做法如下:设定参数 $k \in \mathbf{N}$(如 $k = 10$),定义局域平均距离为

$$D_t(k) = \begin{cases} \dfrac{1}{k}\sum_{i=1}^{k} |S_t - S_{t+i}|, & t \in \{1,2,\cdots,n-k\} \\[3mm] \dfrac{1}{k}\sum_{i=1}^{k} |S_t - S_{t-i}|, & t \in \{n-k+1,\cdots,n\} \end{cases} \quad (7-4)$$

绘制 $\{D_1, D_2, \cdots, D_n\}$ 的频数直方图,"统计间隔"可参考 $\overline{\sigma}_D/kk$ 给定,$\overline{\sigma}_D$ 是 $\{D_t\}$ 的标准差($kk = 1,2,3$)。将离群样本簇中 D_t 所对应的 S_t 视为明显异常值,予以剔除,并用前后最邻近正常数据的平均值补正。明显异常值剔除后的序列标记为 $\{S_1', S_2', \cdots, S_n'\}$。

(2) 根据 $\{S_1', S_2', \cdots, S_n'\}$ 的趋势特征适当选择拟合多项式的阶次 m:

$$T_t = p(t,m) = a_1 t^m + a_2 t^{m-1} + \cdots + a_m t + a_0, t \in \mathbf{N} \quad (7-5)$$

(3) 采用最小二乘方法,估计多项式 $p(t,m)$ 的系数参数 a_0,$a_1, \cdots, a_m$。

(4) 应用"3σ"准则或切比雪夫不等式辨识分离趋势成分后保留序列 $\{e_1, e_2, \cdots, e_n\}$($e_t = S_t' - T_t$)中的异常值 e_{t*},将与 e_{t*} 时刻对应的原始序列值 S_{t*} 视为异常值,剔除并补正。

2) 应用举例

下面结合图 6-11(a) 中的 EGTM 序列数据进行算法 7.2.2 说明。不妨取 $k = 10$,构造局域平均距离序列 $\{D_t\}$,并计算得到 $\overline{\sigma}_D = 2.043$;序列长度较大,可取 $kk = 3$,绘制频数直方图,如图 7-3(a)所示;将孤立样本簇对应的原始序列值 $\{S_{368}, S_{382}, S_{391}, S_{483}, S_{487}\}$(如图 7-3(d)中

121

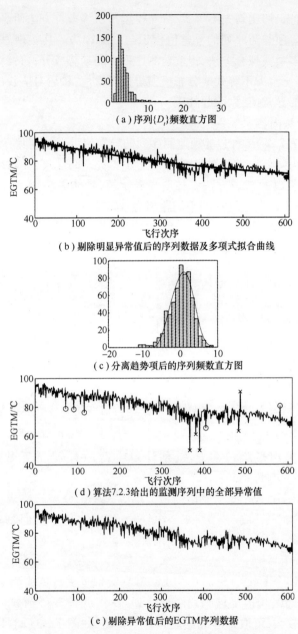

（a）序列 $\{D_i\}$ 频数直方图

（b）剔除明显异常值后的序列数据及多项式拟合曲线

（c）分离趋势项后的序列频数直方图

（d）算法7.2.3给出的监测序列中的全部异常值

（e）剔除异常值后的EGTM序列数据

图 7-3　算法举例：剔除 EGTM 参数序列中的异常值

的"×"所示),当作明显异常值剔除并补正。

如图 7 –3(b)所示,根据剔除明显异常值后的序列趋势特征,进行 2 阶多项式拟合:

$$p(t,2) = 3.17 \times 10^{-5}t^2 - 5.69 \times 10^{-2}t + 93.69 \qquad (7-6)$$

如图 7 –3(c)所示,分离趋势成分后的序列近似服从正态分布,应用 "3σ"准则辨识异常值;对应得到原始序列中的异常值$\{S_{72}, S_{91}, S_{116}, S_{406}, S_{581}\}$,如图 7 –3(d)中的"○"所示。剔除全部异常值并补正后的 EGTM 序列数据如图 7 –3(e)所示。

7.3 基于奇异值分解的滤波消噪方法

目前,最常用的消噪方法是 Wavelet 滤波法;然而研究发现 Wavelet 滤波器不仅设计算法复杂、占用较多的计算机存储资源,而且存在"阈值选择难"问题。自从 D. W. Tufts 提出"可用奇异值分解办法估计噪声污染信号中的有用成分"以来,奇异值分解滤波器(Singular Value Decomposition Filter,SVDF)已经在语音、图像、移动通信、电力、生物医学、地震监测等领域获得了较好应用。与 Wavelet 变换相比,SVD 滤波算法简单易用,且在滤波器设计中有着较小的存储需求。

滤波阈值的选取原则直接影响着 SVDF 的信号处理效果。本小节研究了信噪比与滤波阈值的关系,提出了一种基于信噪比经验值的滤波阈值确定方法,将 SVDF 有效应用于机载设备性能指标监测序列数据的预处理当中,为后续构建预测模型消除有害噪声。

1)奇异值分解(SVD)滤波算法及原理

若用$\{S_t^*\} = \{T_t\} + \{R_t\}$表示机载设备性能指标监测序列$\{S_1, S_2, \cdots, S_n\}$(已剔除异常值)中的信号成分,则

$$S_t = S_t^* + w_t, t = 1, 2, \cdots, n \qquad (7-7)$$

式中:$\{w_1, w_2, \cdots, w_n\}$为均值为零方差为 σ_w^2 的白色噪声,且与信号成分$\{S_1^*, S_2^*, \cdots, S_n^*\}$相互独立。下面叙述中均已对$\{S_1, S_2, \cdots, S_n\}$和$\{S_1^*, S_2^*, \cdots, S_n^*\}$进行如下零均值化处理:

$$S_t = S_t - \bar{\mu}_S, \quad \bar{\mu}_S = \frac{1}{n}\sum_{t=1}^{n} S_t \qquad (7-8)$$

$$S_t^* = S_t^* - \bar{\mu}_S \qquad (7-9)$$

（1）算法步骤。对于零均值化序列 $\{S_1, S_2, \cdots, S_n\}$，SVD 滤波算法步骤如下：

① 构造矩阵。构造 $N \times h$ 维矩阵：

$$\boldsymbol{\Pi} = \begin{bmatrix} S_1 & S_2 & \cdots & S_h \\ S_2 & S_3 & \cdots & S_{h+1} \\ \vdots & \vdots & \ddots & \vdots \\ S_N & S_{N+1} & \cdots & S_n \end{bmatrix}_{N \times h} \qquad (7-10)$$

式中：$h = [(n+1)/2]$；$[\cdot]$ 表示取整数；$N = n - h + 1$。

② 奇异值分解。对 $\boldsymbol{\Pi}$ 进行奇异值分解：

$$\boldsymbol{\Pi} = \boldsymbol{U}\boldsymbol{\Gamma}\boldsymbol{V}^{\mathrm{T}} \qquad (7-11)$$

式中：$\boldsymbol{U} \in R^{N \times N}$；$\boldsymbol{V} \in R^{h \times h}$ 均为正交矩阵；上标"T"表示矩阵转置。

$$\boldsymbol{\Gamma} = \begin{bmatrix} \boldsymbol{\Delta}_{q \times q} & \boldsymbol{O}_{q \times (h-q)} \\ \boldsymbol{O}_{(N-q) \times q} & \boldsymbol{O}_{(N-q) \times (h-q)} \end{bmatrix}_{N \times h} \qquad (7-12)$$

式中：$\boldsymbol{\Delta}_{q \times q} = \mathrm{diag}(\delta_1, \delta_2, \cdots, \delta_q)$，$\delta_1 \geqslant \delta_2 \geqslant \cdots \geqslant \delta_q > 0$ 称为矩阵 $\boldsymbol{\Pi}$ 的奇异值；$q \leqslant \min(N, h)$ 是 $\boldsymbol{\Pi}$ 的秩。若 $\boldsymbol{\Pi}$ 列满秩，则 $q = h$。

③ 阈值控制。设定滤波阈值 $\eta(0 < \eta < 1)$，解关于 r 的方程

$$\sum_{i=1}^{r}\delta_i^2 \Big/ \sum_{i=1}^{q}\delta_i^2 = \eta \qquad (7-13)$$

可得正整数 r，将取值较小的 $q - r$ 个奇异值置零，得到

$$\boldsymbol{\Gamma}' = \begin{bmatrix} \boldsymbol{\Delta}_{r \times r} & \boldsymbol{O}_{r \times (h-r)} \\ \boldsymbol{O}_{(N-r) \times r} & \boldsymbol{O}_{(N-r) \times (h-r)} \end{bmatrix}_{N \times h} \qquad (7-14)$$

式中：$\boldsymbol{\Delta}_{r \times r} = \mathrm{diag}(\delta_1, \delta_2, \cdots, \delta_r)$。

④ 滤波输出。重构矩阵:

$$\boldsymbol{\Pi}' = \boldsymbol{U}\boldsymbol{\Gamma}'\boldsymbol{V}^{\mathrm{T}} = \begin{bmatrix} S'_1 & S'_2 & \cdots & S'_h \\ S'_2 & S'_3 & \cdots & S'_{h+1} \\ \vdots & \vdots & \ddots & \vdots \\ S'_N & S'_{N+1} & \cdots & S'_n \end{bmatrix}_{N \times h} \quad (7-15)$$

对 $\boldsymbol{\Pi}'$ 中时刻对应的元素求平均,得到 SVDF 输出值序列。

(2) 滤波原理。记

$$(\Lambda_1, \Lambda_2, \cdots, \Lambda_h) = \boldsymbol{U}\boldsymbol{\Gamma} = \begin{bmatrix} \delta_1 u_{11} & \delta_2 u_{12} & \cdots & \delta_h u_{1h} \\ \delta_1 u_{21} & \delta_2 u_{22} & \cdots & \delta_h u_{2h} \\ \vdots & \vdots & \ddots & \vdots \\ \delta_1 u_{N1} & \delta_2 u_{N2} & \cdots & \delta_h u_{Nh} \end{bmatrix} \quad (7-16)$$

式中:u_{ij} 表示矩阵 $\boldsymbol{U}$ 的第 i 行、第 j 列元素。

由于
$$(\boldsymbol{U}\boldsymbol{\Gamma})^{\mathrm{T}}\boldsymbol{U}\boldsymbol{\Gamma} = \boldsymbol{\Gamma}^{\mathrm{T}}\boldsymbol{U}^{\mathrm{T}}\boldsymbol{U}\boldsymbol{\Gamma} = \boldsymbol{\Gamma}^{\mathrm{T}}\boldsymbol{\Gamma}$$

$$= \begin{bmatrix} \boldsymbol{\Delta}^2_{q \times q} & \boldsymbol{O}_{q \times (h-q)} \\ \boldsymbol{O}_{(h-q) \times q} & \boldsymbol{O}_{(h-q) \times (h-q)} \end{bmatrix}_{h \times h} \quad (7-17)$$

所以

$$\boldsymbol{\Lambda}_j^{\mathrm{T}} \boldsymbol{\Lambda}_{jj} = \begin{cases} 0, & j \neq jj; 1 \leq j, jj \leq q \\ \delta_j^2, & j = jj; 1 \leq j, jj \leq q \end{cases} \quad (7-18)$$

$$\boldsymbol{\Lambda}_j = (0, 0, \cdots, 0)^{\mathrm{T}}, q < j \leq h \quad (7-19)$$

由式(7-18)知 Λ_j 所对应随机序列 $\{\delta_j u_{1j}, \delta_j u_{2j}, \cdots, \delta_j u_{Nj}\}$ $(j = 1, 2, \cdots, q)$ 互不相关,且能量

$$\sum_{k=1}^{N} (\delta_j u_{kj})^2 \approx \delta_j^2 \quad (7-20)$$

还可以证明随机序列 $\{\delta_j u_{1j}, \delta_j u_{2j}, \cdots, \delta_j u_{Nj}\}$ 的均值为零。

记

$$(\mathrm{SubSer}_1, \mathrm{SubSer}_2, \cdots, \mathrm{SubSer}_h) = \boldsymbol{\Pi} = \boldsymbol{U}\boldsymbol{\Gamma}\boldsymbol{V}^{\mathrm{T}} = (\Lambda_1, \Lambda_2, \cdots, \Lambda_h)\boldsymbol{V}^{\mathrm{T}}$$

$$(7-21)$$

125

由式(7-21)得到

$$\text{SubSer}_i = \sum_{j=1}^{h} v_{ij}\boldsymbol{\Lambda}_j = \sum_{j=1}^{q} v_{ij}\boldsymbol{\Lambda}_j, \ i = 1,2,\cdots,h \qquad (7-22)$$

式中:v_{ij}表示矩阵$\boldsymbol{V}$的第i行、第j列元素。

综上所述:算法将$\boldsymbol{\Pi}$各列所对应子序列$\{S_i,S_{i+1},\cdots,S_{i+N-1}\}$分解成$q$个互不相关零均值随机序列成分$\{\delta_j u_{1j},\delta_j u_{2j},\cdots,\delta_j u_{Nj}\}$的加权和;并通过设置滤波阈值$\eta$,将能量较小的随机序列成分(与$\boldsymbol{\Lambda}_{r(\eta)+1},\cdots,$$\boldsymbol{\Lambda}_q$对应)当作"滤除项",从各子序列$\{S_i,S_{i+1},\cdots,S_{i+N-1}\}$中消除;最后采用均值平滑的办法,进行滤波输出。

(3)滤波阈值与信噪比间的数学关系。针对受白噪声污染的具有广义平稳性的性能指标监测序列$\{S_1,S_2,\cdots,S_n\}$(n足够大,如$n>100$),这里定义信噪比(Signal to Noise Ratio,SNR):

$$\text{SNR} = \sum_{t=1}^{n}(S_t^*)^2 / \sum_{t=1}^{n} w_t^2 \qquad (7-23)$$

定理7.3.1 对于广义平稳的机载设备性能指标监测序列,在高信噪比条件下,SVDF的滤波阈值η可由其信噪比SNR的经验值$\widehat{SNR}$决定,且存在如下关系:

$$\eta \approx \widehat{SNR} / \widehat{SNR} + 1 \qquad (7-24)$$

证明:根据 Box G. P. E. 的观点[19],若不考虑监测噪声,设备性能指标前后时刻监测值间的依赖关系能够用如下模型描述:

$$S_t^* \approx \phi_1 S_{t-1}^* + \phi_2 S_{t-2}^* + \cdots + \phi_p S_{t-p}^* \qquad (7-25)$$

式中:$p \in N, \phi_1,\phi_2,\cdots,\phi_p \in R$。

具体应用中,往往要求样本序列长度n远大于$2p$。

根据式(7-23)和式(7-25)得到

$$\boldsymbol{\Pi} = \boldsymbol{\Pi}^* + \boldsymbol{W} = \begin{bmatrix} S_1^* & S_2^* & \cdots & S_h^* \\ S_2^* & S_3^* & \cdots & S_{h+1}^* \\ \vdots & \vdots & \ddots & \vdots \\ S_N^* & S_{N+1}^* & \cdots & S_n^* \end{bmatrix} + \begin{bmatrix} w_1 & w_2 & \cdots & w_h \\ w_2 & w_3 & \cdots & w_{h+1} \\ \vdots & \vdots & \ddots & \vdots \\ w_N & w_{N+1} & \cdots & w_n \end{bmatrix}$$

$$(7-26)$$

126

由式(7-25)可推出 $\boldsymbol{\Pi}^*$ 的秩 $\gamma \leqslant p$；$\boldsymbol{W}$ 列满秩。通常 $\boldsymbol{\Pi}$ 也列满秩，于是 $q = h$。记

$$\delta_1^* \geqslant \cdots \geqslant \delta_\gamma^* > 0 , \delta_1^w \geqslant \cdots \geqslant \delta_h^w > 0 \qquad (7-27)$$

分别是 $\boldsymbol{\Pi}^*$ 和 $\boldsymbol{W}$ 的奇异值,且有

$$n \rightarrow + \infty : \delta_1^w = \delta_2^w = \cdots = \delta_h^w = \sqrt{N}\sigma_w \qquad (7-28)$$

引理 7.3.1 设 $\boldsymbol{\Pi}^*$、$\boldsymbol{\Pi}$ 都是 $N \times h$ 维实矩阵,记 $\boldsymbol{W} = \boldsymbol{\Pi} - \boldsymbol{\Pi}^*$,$q = \min\{N, h\}$。如果 $\delta_1^* \geqslant \delta_2^* \geqslant \cdots \geqslant \delta_q^*$ 是 $\boldsymbol{\Pi}^*$ 的奇异值,$\delta_1 \geqslant \delta_2 \geqslant \cdots \geqslant \delta_q$ 是 $\boldsymbol{\Pi}$ 的奇异值,则

$$\left[\sum_{i=1}^q (\delta_i - \delta_i^*)^2 \right]^{1/2} \leqslant \| \boldsymbol{W} \|_2 \qquad (7-29)$$

根据引理7.3.1,并考虑到 $\delta_{\gamma+1}^* = \delta_{\gamma+2}^* = \cdots = \delta_q^* = 0$,$q = h$ 以及 $\boldsymbol{W}^T\boldsymbol{W} = \sum_{i=1}^h (\delta_i^w)^2$,有

$$\sum_{i=1}^\gamma (\delta_i - \delta_i^*)^2 + \sum_{i=\gamma+1}^h (\delta_i)^2 \leqslant \sum_{i=1}^h (\delta_i^w)^2 \qquad (7-30)$$

由 $\boldsymbol{\Pi}^T\boldsymbol{\Pi} = \boldsymbol{V}\boldsymbol{\Gamma}^T\boldsymbol{\Gamma}\boldsymbol{V}^T$,得

$$\mathrm{tr}(\boldsymbol{\Pi}^T\boldsymbol{\Pi}) = \mathrm{tr}(\boldsymbol{\Gamma}^T\boldsymbol{\Gamma}) \qquad (7-31)$$

式中:$\mathrm{tr}(\cdot)$ 表示矩阵求迹。于是,序列 $\{S_1, S_2, \cdots, S_n\}$ 的功率为

$$\mathcal{P}_S = \frac{1}{Nh} \sum_{i=1}^N \sum_{j=1}^h S_{i+j-1}^2 = \frac{1}{Nh}\mathrm{tr}(\boldsymbol{\Pi}^T\boldsymbol{\Pi}) = \frac{1}{Nh}\mathrm{tr}(\boldsymbol{\Gamma}^T\boldsymbol{\Gamma})$$

$$= \frac{1}{Nh} \sum_{i=1}^h (\delta_i)^2 \qquad (7-32)$$

同理,信号成分与噪声的功率为

$$\mathcal{P}_{S^*} = \frac{1}{Nh} \sum_{i=1}^\gamma (\delta_i^*)^2 \qquad (7-33)$$

$$\mathcal{P}_w = \frac{1}{Nh} \sum_{i=1}^h (\delta_i^w)^2 \qquad (7-34)$$

对于广义平稳监测序列,信噪比为

127

$$\mathrm{SNR} \approx \mathcal{P}_{S^*} / \mathcal{P}_w = \sum_{i=1}^{\gamma} (\delta_i^*)^2 / \sum_{i=1}^{h} (\delta_i^w)^2 \qquad (7-35)$$

在高信噪比条件下，由式(7-29)得出结论：$\{S_1^*, S_2^*, \cdots, S_n^*\}$ 对 **Π** 奇异值的贡献几乎全部集中在 $\delta_1, \delta_2, \cdots, \delta_\gamma$ 当中；$\{w_1, w_1, \cdots, w_n\}$ 对 **Π** 各奇异值几乎有着相同贡献，且有

$$\delta_i^w \approx \delta_i, i = \gamma+1, \cdots, h \qquad (7-36)$$

此时，SVD 滤波算法的步骤(7)中，欲保留奇异值数目 $r = \gamma$。考虑到 $\{w_1, w_1, \cdots, w_n\}$ 与 $\{S_1^*, S_2^*, \cdots, S_n^*\}$ 相互独立，有

$$\sum_{i=1}^{h} (\delta_i)^2 = \sum_{i=1}^{h} (\delta_i^w)^2 + \sum_{i=1}^{\gamma} (\delta_i^*)^2 \qquad (7-37)$$

于是，滤波阈值如下：

$$\begin{aligned}
\eta &= \sum_{i=1}^{r} (\delta_i)^2 / \sum_{i=1}^{h} (\delta_i)^2 \\
&= \sum_{i=1}^{\gamma} (\delta_i)^2 / \sum_{i=1}^{h} (\delta_i)^2 \\
&= 1 - \sum_{i=\gamma+1}^{h} (\delta_i)^2 / \sum_{i=1}^{h} (\delta_i)^2 \\
&\approx 1 - \sum_{i=\gamma+1}^{h} (\delta_i^w)^2 / \sum_{i=1}^{h} (\delta_i)^2 \\
&= 1 - \frac{h-\gamma}{h} \sum_{i=1}^{h} (\delta_i^w)^2 / \sum_{i=1}^{h} (\delta_i)^2 \\
&= 1 - \frac{h-\gamma}{h} \frac{1}{\mathrm{SNR}+1} \qquad (7-38)
\end{aligned}$$

实际应用中，通常满足 $h \gg \gamma$，此时有

$$\eta \approx \mathrm{SNR} / (\mathrm{SNR}+1) \qquad (7-39)$$

若用经验值 $S\!N\!R$ 代替理想值 SNR，则关系式(7-35)得证。

（4）基于信噪比经验值的奇异值分解滤波消噪算法（SNR_SVDF）。在高信噪比条件下，例如 $S\!N\!R > 1$，研究提出了基于信噪比经验值的 SVD 滤波消噪算法，简记 SNR_SVDF 算法。

128

算法 7.3.1 （基于信噪比经验值的奇异值分解滤波消噪算法）：

（1）输入待处理序列及其信噪比经验值 $S\!N\!R$。

（2）按照式（7 - 26）构造矩阵 $\boldsymbol{\Pi}$；调用基于 QR 分解的 Golub 算法对矩阵 $\boldsymbol{\Pi}$ 进行奇异值分解；让 q（通常 $q = h$）个奇异值依大小次序排列。

（3）按照式（7 - 38）计算滤波门限 η，并确定欲保留奇异值数目 r。

（4）将编号在 r 之后的所有奇异值置零，重构矩阵 $\boldsymbol{\Pi}'$。

（5）计算 $\boldsymbol{\Pi}'$ 中时刻对应元素的均值，得到滤波输出值序列。

（6）SNR_SVDF 算法有效性仿真分析

为验证所提出 SNR_SVDF 算法的有效性，用两组序列数据来分析说明：第 1 组采用仿真数据；第 2 组采用某 A319 飞机所装配 V2500 型发动机的 EGTM 监测序列数据。

① 仿真数据。给定初值 $S_{-1}^* = 0.05$，$S_0^* = 0.1$，由模型

$$S_t^* = 1.9996 S_{t-1}^* - S_{t-2}^* \qquad (7 - 40)$$

仿真产生长度为 600 的真值序列 $\{S_1^*, S_2^*, \cdots, S_{600}^*\}$；设其受到正态白噪声 $\{w_t\}$ 污染（视作观测噪声），$w_t \sim N(0,1)$；观测值序列标记为 $\{S_1, S_2, \cdots, S_{600}\}$，$S_t = S_t^* + w_t (t = 1, 2, \cdots, 600)$，如图 7 - 4(a) 所示。真值序列的均方值为

$$\frac{1}{600} \sum_{t=1}^{600} (S_t^*)^2 = 12.26 \qquad (7 - 41)$$

于是

$$S\!N\!R = 12.26 / 1 = 12.26 \qquad (7 - 42)$$

根据 SNR_SVDF 算法，$h = 300$；求得 SVD 滤波阈值 $\eta = 0.925$ 以及得到欲保留奇异值数目 $r = 3$。如图 7 - 4(b) 所示，滤波输出值序列几乎与真值序列重合，均方偏差仅为 0.0052，表明所提出 SVD_SVDF 算法是有效的和合理的。

② 实际数据。以图 7 - 3(e) 所示的 EGTM 监测序列为例，进行 SNR_SVDF 算法实例分析。序列均值 $\bar{\mu}_S = 80.35$，零均值化后的序列标记为 $\{S_1, S_2, \cdots, S_{610}\}$，如图 7 - 5(a) 所示；采用数据平滑办法估得信噪比经验值 $S\!N\!R = 4.18$。

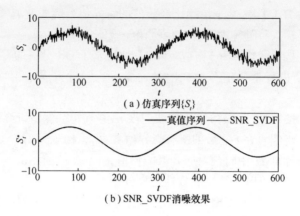

（a）仿真序列$\{S_i\}$

（b）SNR_SVDF消噪效果

图 7 - 4　仿真序列 SNR_SVDF 滤波消噪

　　根据 SNR_SVDF 算法，$h = 305$，矩阵 $\boldsymbol{\Pi}_{306 \times 305}$ 的奇异值分布如图 7 - 5（b）所示；与奇异值对应的互不相关的随机序列成分（$\boldsymbol{\Lambda}_j$）如图 7 - 5（c）所示。求得 SVD 滤波门限 $\eta = 0.807$，以及得到欲保留奇异值数目 $r = 8$；针对 $\{S_1, S_2, \cdots, S_{610}\}$，滤波输出值序列如图 7 - 5（a）所示。

　　图 7 - 5（d）显示的是 EGTM 监测值序列 SVD 滤波前后的单边功率谱，可通过序列自相关函数的傅里叶变换得到。横轴采用角频率单位，纵轴采用单位 dB。对比发现，SNR_SVDF 有效削弱了原始序列中的高频噪声成分。

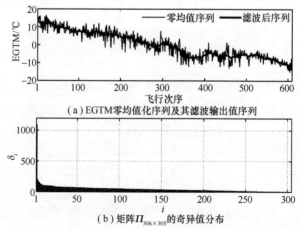

（a）EGTM零均值化序列及其滤波输出值序列

（b）矩阵$\Pi_{306 \times 305}$的奇异值分布

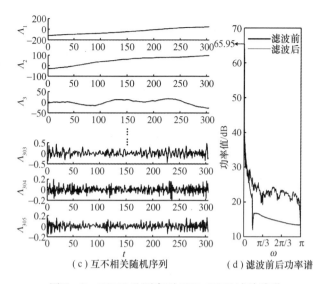

（c）互不相关随机序列　　　　（d）滤波前后功率谱

图 7 - 5　EGTM 监测序列 SNR_SVDF 滤波消噪

第8章

支持向量机应用分析

前几章已经介绍了建立 SVC 和 SVR 模型的方法,本章将如何研究将它们应用于机载设备的故障诊断和预测。

8.1 概　　述

飞机是一个复杂的系统,飞机传感器采集的数据具有维数高、非线性甚至混沌等特性,而且故障样本少,采用传统的方法往往不能有效地做出正确的故障诊断和故障预测。本章将主要研究利用 SVM 的方法对飞机的故障进行诊断和预测。在这章主要选用飞机上的两个重要系统:航空电子设备和发动机。

随着现代电子系统与科学技术的迅速发展,现代电子系统日趋大型化和复杂化,功能越来越多、结构也越来越复杂,航空电子系统已经成为飞机的重要组成部分。一方面,通信、导航等电子系统在武器平台中的地位日益突出;另一方面,电子系统也不断地渗透到飞行控制、环境控制、生命保障、仪表显示等传统的非电系统。这使航空系统中电子装备的规模日益扩大,复杂程度越来越高,系统的投资也越来越大。航空电子系统在整机成本中现在已占到接近 50% 的比例。在提高飞机安全飞行保障的同时,也带来了繁重的测试诊断和维修费用等后勤保障问题。

航空发动机是飞机中故障率最高、维护任务量最大的系统,其运行状态好坏直接关系到飞行安全,是地面监控和维护工作的重点。航空发动机的监控参数一般包括发动机排气温度(EGT)、发动机压比(EPR)、转子转速(N1,N2)、滑油温度、燃油流量等。而对发动机进行分析,需要在起飞阶段和巡航阶段,分别分析参数的变化情况,即把这些参数转换成标准状态下的数值,与发动机厂家所给定的该型发动机的标准性能参数进行比较,看偏差的变化情况。通过综合分析这些性能参数的发展趋势,就能够实现对航空发动机的性能预测和故障预报。

依据机载设备运行状态记录数据构建预测模型的用意,不只停留在估计未来时刻的性能指标值上;更重要的是,要借助预测模型及其输出值对机载设备的健康状况进行监控,及时发现飞机性能方面所存在的问题,为地面维护、故障分析等部门提供决策支持;实现视情维修,提高设备完好率,确保飞行安全;使航空零部件的寿命得到最充分的发挥,提高保障资源利用率,提升经济效益。

8.2 航空电子设备故障诊断

大规模集成电路是航空电子系统的重要组成部分,而大量的数/模混合电路是集成电路的基本单元,研究电路故障诊断技术能有效提高电子系统维护保障能力,对飞行安全保障有重要的意义。据统计,虽然数模混合电路中80%是数字电路,但是80%的故障发生在模拟部分。模拟部分的故障诊断是混合信号集成电路故障诊断的瓶颈,制约着整个混合电子系统故障诊断技术的发展,所以模拟电路故障诊断问题一直是一个研究热点。

基于SVM的模拟电路故障诊断方法可以分为训练和故障诊断两个阶段,首先通过对被测电路的正常和各种故障状态进行仿真,获取到电路各种状态的典型样本,并进行特征提取和数据预处理,获得其特征样本对其进行SVM训练,找到训练样本中的支持向量,建立被测电路故障诊断的SVM模型(判别准则);然后,把待诊断的故障样本输入到建立好的SVM模型对其进行诊断。基于SVM模拟电路故障诊断的方法可以简化为如图8-1所示。

根据模拟电路的特点,其响应特征是电路规范参数中的重要组成部分,同时响应从不同角度反映了电路的工作状态,也必然包含了电路内部所有元件的信息。在适当的激励信号下,模拟电路故障模式均能

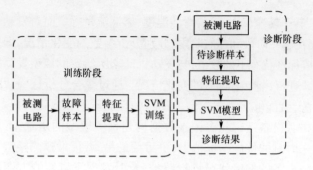

图 8 - 1　基于 SVM 的模拟电路故障诊断方法

反映在响应曲线上,因此,通过对电路响应采样,获取被测电路故障样本集。

8.2.1　实验 1　标准滤波电路

以 Sallen-key 带通滤波器电路为故障诊断实例验证基于 SVM 的模拟电路故障诊断方法,电路如图 8 - 2 所示。采用 OrCAD10. 5 软件对电路进行仿真。

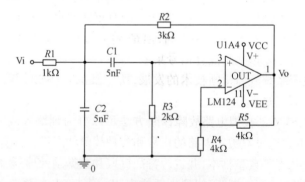

图 8 - 2　Sallen-key 带通滤波器电路图

该电路为带通滤波器,中心频率为 25kHz,带宽为 50kHz,幅频响应如图 8 - 3 所示。

由图 8 - 3 可知,该电路中若某个元器件出现故障时,其频域响应曲线会发生变化,即和正常状态时的响应波形曲线是存在差异的,为了提取其响应特征,一个简单有效的方法是提取响应曲线波形的有效点。

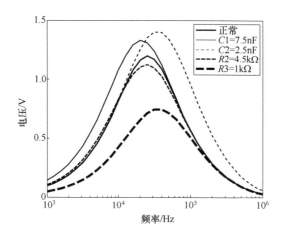

图 8 - 3　Sallen-key 电路幅频响应

　　为了有效提取响应曲线的特征,必须保证采样值能如实反映响应曲线变化趋势,所以采样间隔可以不等。对曲线变化较大部分或者能提供重要信息的部分,采样间隔变小,而对曲线较平缓部分,采样间隔变大。提取 Sallen-key 电路的幅频响应的有效点作为电路特征,分别取 2.5kHz、4kHz、6.3kHz、12.6kHz、20kHz、31.6kHz、63.1kHz、100kHz、158.5kHz 这 9 个频率点处的电压幅值,描述其频率响应曲线的变化趋势,如图 8 - 4 所示。

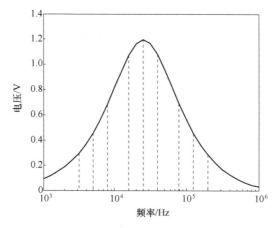

图 8 - 4　Sallen-key 电路幅频响应采样点分布

设电路中电阻电容具有 5% 的容差,即元件值在容差范围内变化,电路为正常状态。设 Sallen-key 电路发生了故障时其故障元件值偏移了其标称值的 50% ,根据发生故障时元件值变化的假设,故障模式分为 8 种故障类型,如表 8 - 1 所列。

表 8 - 1   Sallen-key 电路故障类型

故障号	故障值
F1	C1 = 2.5nF
F2	C1 = 7.5nF
F3	C2 = 2.5nF
F4	C2 = 7.5nF
F5	R2 = 1.5kΩ
F6	R2 = 4.5kΩ
F7	R3 = 1kΩ
F8	R3 = 3kΩ

对电路的正常状态和各种故障状态分别进行 200 次蒙特卡罗仿真并提取故障特征,将电路的每种状态特征样本分成两部分,其中 100 个样本用于训练 SVM,另外 100 个样本用于测试 SVM。表 8 - 2 列出了支持向量机的故障诊断结果,诊断准确率平均可达 99.9% 。优于文献[70]采用神经网络方法 97% 故障诊断率,接近于文献[71]改进的神经网络方法 100% 故障诊断率,但文献[52]选取的元器件故障值偏移大,易于诊断。

表 8 - 2   Sallen-key 电路故障诊断结果

故障号	诊断结果/%
F1	100
F2	100
F3	100
F4	100
F5	100
F6	100
F7	100

故障号	诊断结果/%
F8	99
正常	100
平均诊断率	99.9

8.2.2 实验2 线性中放电路

对一个完整的模块电路——线性中放电路进行故障诊断,该中放电路是某型雷达接收机的组成电路,雷达接收机主要负责在雷达回波信号进入信号处理系统之前对收发开关送来的微弱回波信号进行幅度和频率变换。线性中放电路的主要功能是对第二混频器送来的中频信号放大20dB。线性中放电路的结构和参数如图8－5所示。

提取线性中放电路的幅频响应的有效点作为特征向量,分别取4.36MHz、4.57 MHz、4.78 MHz、6.3MHz、6.6 MHz、7.0MHz、7.5 MHz、8.3MHz、9.5 MHz这9个频率点处的电压幅值,描述了其频率响应曲线的变化趋势,如图8－6所示。

线性中放电路典型的故障模式有二极管烧毁、电容击穿等,为便于说明,选取10类具有代表性的故障模式;实验中加上正常状态共有11种状态,具体设置如表8－3所列。

表8－3 线性中放电路典型故障类型

故障号	故障值
F1	C22 击穿
F2	C28 击穿
F3	C42 击穿
F4	C48 击穿
F5	C49 击穿
F6	Q2 烧毁
F7	Q3 烧毁
F8	Q5 烧毁
F9	Q6 烧毁
F10	Q9 烧毁

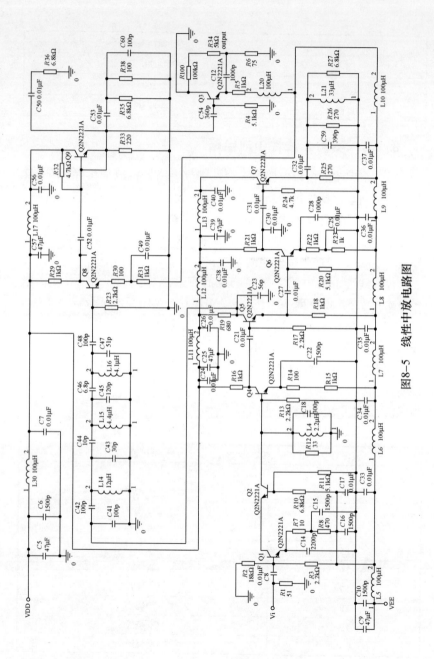

图8-5 线性中放电路图

138

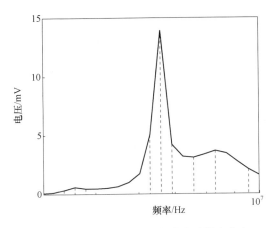

图 8 − 6　线性中放电路幅频响应采样点分布

对电路的正常状态和各种故障状态分别进行 200 次蒙特卡罗仿真并提取故障特征,将电路的每种状态特征样本分成两部分,其中 100 个样本用于训练 SVM,另外 100 个样本用于测试 SVM。表 8 − 4 列出了 SVM 的故障诊断结果,其诊断准确率平均可达 98.7% ,说明了利用基于 SVM 的故障诊断方法对线性中放电路进行诊断的有效性。

表 8 − 4　线性中放电路故障诊断结果

故障号	诊断结果/%
F1	100
F2	100
F3	100
F4	100
F5	86
F6	100
F7	100
F8	100
F9	100
F10	100
正常	100
平均诊断率	98.7

8.2.3 规则提取验证

下面以 Sallen-key 和线性中放电路诊断为例,进行分析验证,仿真环境和参数配置与 8.2.1 节和 8.2.2 节一致,分析基于 SVM 的规则提取对电路故障诊断的效果。

同样对电路的正常状态和各种故障状态分别进行 200 次蒙特卡罗仿真并提取故障特征,将电路的每种状态特征样本分成两部分,其中 100 个样本用于训练,另外 100 个样本用于测试。表 8 - 5 和表 8 - 6 分别列出了 Sallen-key 电路和线性中放电路对应使用 SVM 模型进行分类($R_C|_{SVM}$ 表示分类正确率)、粗糙集提取规则进行分类($R_C|_{RS}$ 表示分类正确率、样本不确定性 $F_u|_{RS}$)以及利用支持向量关键样本产生新样本结合粗糙集提取规则进行分类($R_C|_{ALBA\&RS}$ 表示分类正确率、样本不确定性 $F_u|_{ALBA\&RS}$),粗糙集规则提取的不确定性($F_u|_{RS}$)。

样本的不确定性由如下定义:

$$F_u = \frac{N_{rule,muti}}{N_{rule}} \times 100\% \qquad (8-1)$$

式中:N_{rule} 表示样本总数;$N_{rule,muti}$ 表示对应多个不同决策规则的样本数目。

表 8 - 5   Sallen-key 电路三种方法分类结果对比

衡量指标	$R_C|_{SVM}$	$R_C|_{RS}$	$F_u|_{RS}$	$R_C|_{ALBA\&RS}$	$F_u|_{ALBA\&RS}$
Sallen-key/%	94.6	92.8	53.7	93.1	7.7

表 8 - 6   线性中放电路三种方法分类结果对比

衡量指标	$R_C|_{SVM}$	$R_C|_{RS}$	$F_u|_{RS}$	$R_C|_{ALBA\&RS}$	$F_u|_{ALBA\&RS}$
线性中放电路/%	97.3	88.1	31.2	97.1	6.3

从表 8 - 5 和表 8 - 6 的可以看出,应用 SVM 结合粗糙集的方法,利用 SVM 模型能找出训练样本中的关键样本,由这些关键样本采用 ALBA 的方法产生的新样本补充了原来故障样本的完备性,提高了粗糙集规则提取的分类精度。分类精度分别从 92.8% 和 88.1% 提高到 93.1% 和 97.1%,接近于支持向量分类精度;样本的

140

不确定性分别从 53.7% 和 31.2% 降低到 7.7% 和 6.3% ,说明了该方法在一定程度上能完善航空电子设备的故障诊断知识获取过程中诊断样本的完备性。

8.3 航空发动机故障预报

随着信息技术的发展和广泛应用,机载设备维修保障工作重点已由传统的以机械修复为主,逐步转变为以信息获取、处理、传输及维修决策为主。PHM 技术是对传统机内测试和状态监控功能的进一步拓展,预测能力的引入是其显著特征。借助预测能力,人们能够对机载设备健康状况进行跟踪监控,识别和管理故障的发生,规划维修及保障供应,达到降低使用与保障费用,提高设备可靠性与任务成功率之目的[72]。PHM 技术代表了维修方式的一种变革,它将使传统的事后维修或定期检修方式被视情维修(Condition Based Maintenance,CBM)所取代。

8.3.1 性能参数预测

1) EGT 参数回归

EGT 是表征航空发动机工作性能的最重要参数之一,对其进行监控和预测分析,可追踪发动机健康状况的发展趋势,对预防故障发生、保障飞行安全有着重要意义。影响 EGT 测量的主要因素有大气温度(TAT)和海拔高度(ALT),应用支持向量回归机揭示 EGT 随ALT 和 TAT 的变化关系可以监控发动机的健康状况。回归模型建立如下:

$$f(x) \to y, \quad x = (\text{ALT}, \text{TAT}), y = (\text{EGT})$$

(1)原始 SVM 模型。图 8 - 7 是某飞机在连续 130 次飞行中记录的 EGT 与 ALT、TAT 关系图,利用不考虑不确定性的支持向量回归机对数据进行回归,拟合曲面如图 8 - 8 所示。为了避免个别较大值的影响,本书在训练中对 ALT 和 TAT 作了归一化处理。SVM 训练参数选取如下:$\sigma = 0.3, C = 500, \varepsilon = 1$。这里采用平均相对误差(Average Relative Error, ARE)衡量回归算法的精度,其中$\hat{x}$为模型输出值, x为真实值,则

$$e_{ARE} = \frac{1}{L}\sum_{i=1}^{L}\frac{|\hat{x} - x|}{x} \qquad (8-2)$$

计算 SVM 模型输出和实际数据的 $e_{ARE} = 0.0082$,说明支持向量回归模型对 EGT 数据拟合误差低于 1%,适用于 EGT 参数监控。

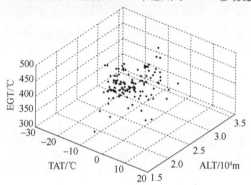

图 8 - 7   EGT 与 ALT、TAT 关系图

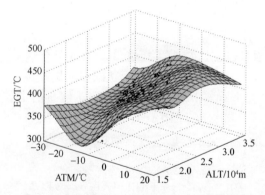

图 8 - 8   EGT 与 ALT、TAT 的支持向量回归曲面

(2)摄动 SVM 模型。如图 8 - 9 所示的曲面为利用摄动 SVM 回归所得的函数。参数的取值为:$\sigma = 0.3, C = 500, \varepsilon = 1, \eta = 0.0000001$, $\overline{W} = 100000$。可以看出,当 x 方向的噪声在相空间中足够小时,才能够用摄动 SVM 进行回归。

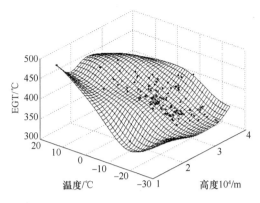

图 8 - 9　EGT 摄动 SVM 回归曲面

$$\text{相对误差} = \frac{\text{standard error}}{\dfrac{\sum\limits_{i=1}^{l} y_i}{l}} = \frac{\sqrt{\dfrac{\sum\limits_{i=1}^{l} (y'_i - y_i)^2}{l}}}{\dfrac{\sum\limits_{i=1}^{l} y_i}{l}}$$

式中：y'_i 为模型输出值；y_i 为真实值。

计算带噪声的 SVM 模型输出值和实际数据的相对误差 $e =$ 0.0121。由于预测精度约等于 1%，所以带不确定性的 SVM 模型可以使用于 EGT 参数监控。

2）EGTM 参数预测

起飞 EGTM 定义为拐点温度下发动机全功率起飞时的 EGT 与型号所规定的 EGT 红线值之差。由于起飞状态下发动机的平均推力最大，相应阶段的 EGT 也最高（峰值通常出现在飞机离地、起落架接近收起的时刻），因此它较准确地表达了发动机性能的临界状态。对于起飞状态采用单一调节规律的飞机，大多航空公司都将起飞 EGTM 作为发动机检测、维修和换发的重要依据，对其进行长期监测。

应用 SVR 模型对发动机的性能参数序列进行预测：首先要构造输入空间和输出空间，然后利用 SVM 寻找从输入空间到输出空间的映射关系，从而进行预测。

对给定的发动机性能参数序列 $\{z_1, z_2, \cdots, z_n\}$，通常采用如下方法

构造输入输出空间:

$$X = \begin{bmatrix} x_1 \\ x_2 \\ \vdots \\ x_{n-p} \end{bmatrix} = \begin{bmatrix} z_1 & z_2 & \cdots & z_p \\ z_2 & z_3 & \cdots & z_{p+1} \\ \vdots & \vdots & \ddots & \vdots \\ z_{n-p} & z_{n-p+1} & \cdots & z_{n-1} \end{bmatrix}, Y = \begin{bmatrix} y_1 \\ y_2 \\ \vdots \\ y_{n-p} \end{bmatrix} = \begin{bmatrix} z_{p+1} \\ z_{p+2} \\ \vdots \\ z_n \end{bmatrix}$$

$$(8-3)$$

式中:p 为嵌入维数;$x_i = (z_i, z_{i+1}, \cdots, z_{i+p-1})$;$y_i = z_{i+p}$;$X$ 和 Y 分别为输入输出空间。

这种输入输出构造方法中输入空间的维数 p 的确定是很重要的。输入空间的维数与支持训练机的性能存在着很大的关系。维数太少,则丢失了有用的相关特征,决策函数的准确度有限;维数过多,可能包含相关性很小或不相关的特征,则求解问题的规模增加,训练算法较慢,训练时间增加。我们希望在保持学习能力的前提下,最大限度的降低输入空间的维数。

利用相空间重构中的伪邻法来计算嵌入维数,伪邻法认为,在嵌入维数较小时,一些实际很远的点此时成为邻居(距离最短),但随着嵌入维数的增加邻居不断改变并趋于稳定,从而得到最小嵌入维数。

设在 d 维空间任一点 $x_i = \{x_i, x_{i+1}, \cdots, x_{i+d-1}\}$,若第 r 个点 x_r 为其最近邻居,则点 x_i 与 x_r 的距离平方为

$$R_d^2(n,r) = \sum_{k=0}^{d-1} (x_{i+k} - x_{r+k})^2 \qquad (8-4)$$

当嵌入维数从 d 增加到 $d+1$,给所有向量的每个分量都加上第 $d+1$ 个坐标点,即 $x_i = \{x_i, x_{i+1}, \cdots, x_{i+d-1}, x_{i+d}\}$。在 $d+1$ 维空间,点 x_i 与这同一邻居 x_r 的距离为

$$R_{d+1}^2(n,r) = R_d^2(n,r) + (x_{i+d} - x_{r+d})^2 \qquad (8-5)$$

判断伪邻点的依据为式(8-6):

$$\left[\frac{R_{d+1}^2(n,r) - R_d^2(n,r)}{R_d^2(n,r)} \right]^{1/2} = \left[\frac{(x_{i+d} - x_{r+d})^2}{R_d^2(n,r)} \right]^{1/2} \geq R_{LMT} \qquad (8-6)$$

式中:R_{LMT} 为设定的阈值,根据这一判据,统计具有伪邻点的的数目,然

144

后依次增加嵌入维数 d，直到伪邻点数目降至零，此时的嵌入维数 $p=d$ 即为所求。

利用输入空间输出空间构成的样本集进行 SVM 回归训练，得到预测模型：

$$z_{n+1} = f(x_{n-p+1}) = \sum_{i=1}^{n-p} \lambda_i K(x_i, x_{n-p+1}) + b$$

$$= \sum_{i=1}^{n-p} \lambda_i K([z_i, z_{i+1}, \cdots, z_{i+p-1}], [z_{n-p+1}, z_{n-p+2}, \cdots, z_n]) + b$$

（1）原始 SVM 模型。图 8 - 10 是某发动机连续 250 次飞行的 EGTM 参数时间序列 $\{s_t | t = 1, 2, \cdots, 250\}$。将前 200 个数据作为训练样本，利用前面分析的模型对其进行 SVM 训练得到预测模型，后 50 个数据作为测试样本，评估 SVM 模型算法的预测效果。采用 e_{ARE} 衡量回归算法的精度。

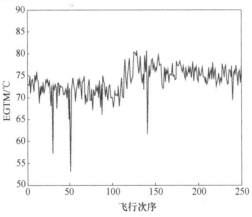

图 8 - 10   EGTM 参数监测数据序列

发动机 EGTM 参数的预测结果如表 8 - 7 和图 8 - 11 所示，将 SVM 与相空间重构技术相结合可以很好的对 EGTM 进行预测，短期和长期的预测都能达到很高的精度。

表 8 - 7   SVM 预测 EGTM 参数

预测步数	1	2	5	10
e_{ARE}	0.019	0.0281	0.0288	0.0303

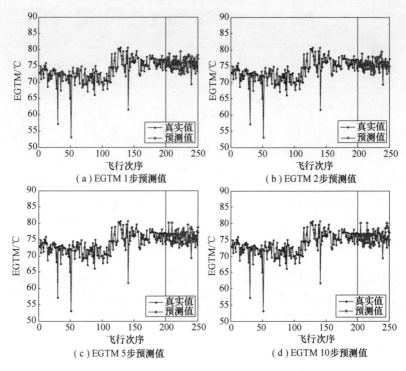

图 8 – 11　EGTM 参数的 SVM 预测结果

（2）摄动 SVM 模型。摄动 SVM 模型参数如下：$\sigma = 15$，$C = 80$，$\varepsilon = 1$，$\overline{W} = 10000$，$\eta = 0.000001$。对后 100 个数据进行预测，结果如图 8 – 12 以及表 8 – 8 所列。从实验的结果可以看出，将 SVM 与相空间重构技术相结合可以很好的对 EGTM 进行预测，短期和长期的预测精度都非常的高。

表 8 – 8　预测的相对误差

预测步数	相对误差
1	0.0588
2	0.0600
5	0.0593
10	0.0581
20	0.0573

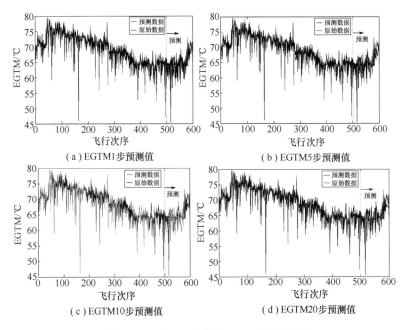

图 8 – 12　后 100 个数据 EGTM 预测结果

8.3.2　寿命监控与异常检测

利用 SVM 对性能参数进行预测的目的是为了得到一个适合的模型,使其较准确地反映机载设备工作性能的正常变化规律。本章进行寿命监测监控与异常检测所做讨论都基于如下假定:已建立的预测模型能够很好地描述性能指标监测序列 $\{S_t, t \in N\}$ 的正常行为模式。用公式表述为

$$S_t = f(\boldsymbol{S}_t) + \varepsilon_t \tag{8 – 7}$$

式中:$\boldsymbol{S}_t = (S_{t-1}, S_{t-2}, \cdots, S_{t-p})^{\mathrm{T}}$,$f(\cdot)$ 为连续函数;S_t 表示机载设备止常状态卜的性能指标监测值,ε_t 为预测误差。要求 $\{\varepsilon_t, t \in N\}$ 是独立同分布随机序列,且 $\varepsilon_t \sim N(\mu_\varepsilon, \sigma_\varepsilon^2)$。

式(8 –7)表明设备正常运行时,性能指标监测序列的相依信息完全包含在函数 f 中。这里,正常的含义是:设备未发生故障或出现故障前兆。研究中将设备老化也看作是正常过程。

147

在此基础上,探讨预测模型在机载设备健康状况监控中的两类应用方式:寿命监控和异常检测。

1) 寿命监控

在通用规范中,设备寿命分为使用寿命、经济寿命和技术寿命。寿命概念在实际中主要用于设备使用年限确定、可靠性评估、操作方式优化、维修与更换周期确定等方面。这里监控的寿命主要是使用寿命,又称自然寿命,指设备投入使用直至报废所经历的全部时间。

即使是同一种型号的机载设备,由于制造质量、使用环境、维护维修技术水平和管理方式各不相同,其使用寿命也会有很大差别;因此,传统的单纯依据设计使用寿命或统计确定的使用年限来更换配件的方式,不仅威胁到飞行安全,而且经济性差,不可取。

通过对机载设备工作性能进行持续跟踪,建立其健康状况动态变化规律模型,并预测未来时刻的性能评价指标值,不仅可以及时掌握设备寿命的发生阶段,为科学合理制定配件更换时间表提供依据,而且有助于开展视情保养、维护和维修,将造成设备损伤的因素控制在最低水平,有效延长使用和经济寿命,提高经济效益。

寿命损耗给设备工作性能带来的影响,可由性能指标监测序列的低频趋势项来反映。实施寿命监控,出于中长期预测需要和建模运算量考虑,应酌情对监测序列 $\{S_1, S_2, \cdots, S_n\}$ 进行减采样;具体操作中可按式(8-8)进行

$$\Sigma_i = \frac{1}{b}\sum_{j=1}^{b} S_{j+(i-1)\cdot b}, \quad i = 1, 2, \cdots, N, \ b \in N \qquad (8-8)$$

式中: Σ_i 表示采样值; $N = [n/b]$ 。

然后依据采样序列 $\{\Sigma_1, \Sigma_2, \cdots, \Sigma_N\}$ 构建预测模型,并基于所得模型依次迭代向前预测,直到预测值超出寿命控制线。最终剩余寿命为

$$\text{Life} = l_{\max} \cdot b \qquad (8-9)$$

式中: $l_{\max}$ 为预测值不超出"控制线"的最大迭代次数。

假定某航空公司将 EGTM 作为更换发动机的依据,并制定寿命控制线"EGTM = 40",即当 EGTM 监测值低于 40℃时(仿真设定值,不代表真实情形),认为发动机寿命耗尽,并采取更换措施。

以如图 6 – 11(a)所示的某型发动机 EGTM 监测序列为例,进行发动机剩余寿命估计。不妨取 $b = 5$,在对原始监测序列预处理后,按式(8 – 8)进行减采样,然后利用 SVM 模型对其进行预测。在满足预测准确度要求前提下,不断执行前向预测,结果如图 8 – 13 所示。观察发现:当步数 $l = 23$ 时,对应"时刻"的预测值为 39.771,低于寿命控制线,可得 $l_{max} = 22$。于是,该发动机的剩余使用寿命为

$$Life = 22 \times 5 = 110(飞行次)$$

即该发动机还可执行 110 次可靠飞行。

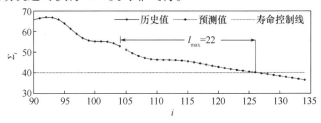

图 8 – 13　EGTM 采样序列前向预测值

事实上,考虑到预测准确度不足所产生的影响以及故障因素,估计出的剩余使用寿命仅作"参考值"使用。在一定次数(< Life,如 0.1 × Life)的可靠飞行之后,需重新建模和预测,动态跟踪发动机的寿命变化,确保飞行安全。

2)异常检测

通过建立机载设备工作性能变化规律模型,预测未来时刻的性能评价指标值,可以及时掌握设备寿命的发生阶段,为科学合理制定配件更换时间提供依据。

当机载设备遭受损伤、异常运行时,性能指标监测序列的行为模式往往要发生改变;因此,基于性能指标监测序列的"模式异常检测",可及时发现机载设备的性能异常,确保飞行安全。基于 χ^2 分布,研究提出了标准化预测误差平方和 χ^2 检验异常检测算法,对设备运行中的异常状态进行在线检测和监控。

将机载设备正常运行时性能评价指标前后时刻监测值之间所存在的函数关系 f 称为性能指标监测序列的正常行为模式。当设备遭受损

伤、异常运行时,性能指标监测序列的行为模式往往要发生改变;即序列延迟变量间不再满足式(8-7)所示关系。若仍用f执行预测,则预测误差不再服从原有分布模型。借助监测序列的行为模式异常检测,可及时发现机载设备的性能异常。

(1)χ^2分布。设$e_1,e_2,\cdots,e_k$是独立同分布随机变量,且$e_i \sim N(\mu,\sigma^2)$,则统计量

$$\Theta = \sum_{i=1}^{k} \left[(e_i - \mu)/\sigma \right]^2$$

服从自由度为k的χ^2分布。

设f是在设备正常状态下依据性能指标历史监测值$\{S_1,S_2,\cdots,S_n\}$构建的预测模型。用

$$e_i = S_{n+i} - f(\boldsymbol{S}_{n+i}), i = 1,2,\cdots,k$$

标记f针对未来值$S_{n+1},S_{n+2},\cdots,S_{n+k}$的一步预测误差。假设随着时间推移,在实际获得$S_{n+1},S_{n+2},\cdots,S_{n+k}$的监测值时,设备运行未见异常,则根据前文假定并由式(8-7)知$e_1,e_2,\cdots,e_k$独立同正态分布,且$e_i \sim N(\mu_\varepsilon,\sigma_\varepsilon^2)$。具体操作中$\mu_\varepsilon$、$\sigma_\varepsilon^2$可用下式进行估计:

$$\overline{\sigma}_\varepsilon^2 = \frac{1}{n-p} \sum_{t=p+1}^{n} \left[S_t - f(\boldsymbol{S}_t) - \overline{\mu}_\varepsilon \right]^2$$

$$\overline{\mu}_\varepsilon = \frac{1}{n-p} \sum_{t=p+1}^{n} \left[S_t - f(\boldsymbol{S}_t) \right]$$

构造检验统计量:

$$\Theta = \sum_{i=1}^{k} \left[(e_i - \overline{\mu}_\varepsilon)/\overline{\sigma}_\varepsilon \right]^2$$

在原假设下,Θ应服从自由度为k的χ^2分布。下文称$(e_i - \overline{\mu}_\varepsilon)/\overline{\sigma}_\varepsilon$为标准化预测误差。

给定显著水平α,当Θ大于χ_α^2时,拒绝原假设并认为:在获取监测值S_{n+k}之前,设备已经出现运行异常。其中,χ_α^2与α之间满足

$$P(\chi^2(k) > \chi_\alpha^2(k)) = \alpha$$

式中:$P(\cdot)$表示计算发生概率。

例如,取$\alpha = 0.05$,$\chi_{0.05}^2$可通过查χ^2分布表得到。

150

算法 8.3.1 （标准化预测误差平方和 χ^2 检验异常检测算法）

（1）设置 k 的最大允许取值 k_{max} 及模型在线更新周期 L。

（2）依据正常状态下的设备性能指标历史监测序列 $\{S_1, S_2, \cdots, S_n\}$ 构建预测模型 f；令 counter $=0$。

（3）依据 $\{S_1, S_2, \cdots, S_n\}$ 按照式估计 $\overline{\mu}_\varepsilon$ 和 $\overline{\sigma}_\varepsilon^2$；令 $k=1$。

（4）执行下述操作：

① 用 f 预测未来值 S_{n+k}；

② 待获取 S_{n+k} 的实际监测值后，计算预测误差 e_k；

③ 保存 e_k。

（5）构造检验统计量 Θ，取显著度 $\alpha = 0.05$，进行 $\chi^2(k)$ 检验：

① $\Theta > \chi^2_{0.05}(k)$：$k = k+1$；若 $k < k_{max}$，转入步骤（4），否则，转入步骤（6）。

② $\Theta \leqslant \chi^2_{0.05}(k)$：$n = n+k$，counter $=$ counter $+k$；若 counter $< L$，转入步骤（3），否则，转入步骤（2）。

（6）检测出设备运行异常，给出告警；异常发生位置 $[n, n+k_{max}]$，结束。

算法 8.3.1 适用于机载设备工作性能的在线异常检测，流程如图 8-14 所示。为了降低虚警率，通常要求 $k_{max} > 1$；L 应当适当选取，确保预测模型的时效性。

（2）仿真示例：发动机低压转子振动异常检测。

结合 V2500 型发动机自 2006 年 1 月 1 日至 2006 年 12 月 31 日低压转子振动幅值（VB1）监测序列（已经平滑处理，单位 mm），进行异常检测算法有效性的仿真验证。

依据机场维护人员的检修经验，在 VB1 监测值发生快速跳变处（图 8-15），发动机旋转部件（如轴承、低压涡轮或压气机叶片等）出现了机械损伤；随着损伤的进一步加剧，VB1 最后稳定在一个较大的幅值水平上。由于 VB1 没有超出振幅限制值（2.0mm），机载数据管理组件并未给出告警；发动机继续服役。传统的"超限监控"方法的这一局限性，使得部件损伤不能得以及时检测和控制。不仅影响到发动机的在役使用寿命，而且严重威胁飞行安全。

下面依据发动机正常状态下的 VB1 历史监测序列构建 PCAR 预

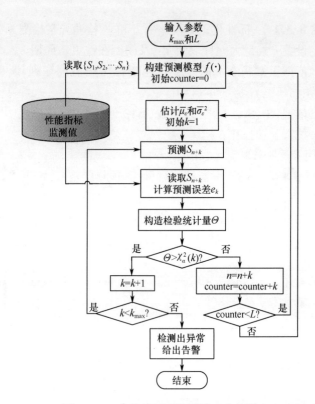

图 8 - 14 χ^2 检验异常检测算法流程图

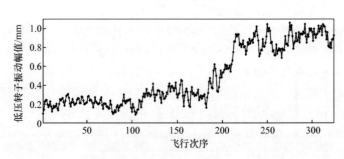

图 8 - 15   某发动机低压转子振动幅值监测序列数据

测模型,对低压转子振动异常进行在线检测。如图 8 - 14 所示的样本序列标记为 $\{S_1, S_2, \cdots, S_{325}\}$;其中 $\{S_1, S_2, \cdots, S_{150}\}$ 作为初始的正常状态振动监测数据,用于构建 SVM 模型。

算法 8.3.2 在 $t = 192$ 处给出异常告警;并输出异常发生位置 189 ~ 192,如图 8 - 16 所示。$PCAR(1,3,1)$ 模型针对 $S_{189} ~ S_{192}$ 的预测误差分别为

$$e_1 = -0.171, e_2 = -0.197, e_3 = -0.116, e_4 = 0.075$$

取 $n = 188$,由步骤(3)得出 $\bar{\mu}_\varepsilon \approx 0, \bar{\sigma}_\varepsilon^2 = (0.077)^2$。此时与 $k = 1,2,3,4$ 对应的统计观察值为

$$\Theta_1 = 4.6088, \Theta_2 = 10.7887, \Theta_3 = 12.8532, \Theta_4 = 13.9170$$

查 χ^2 分布表得

$$\chi_{0.05}^2(1) = 3.84, \chi_{0.05}^2(2) = 5.99, \chi_{0.05}^2(3) = 7.81, \chi_{0.05}^2(4) = 9.49$$

显然,$\Theta_k > \chi_{0.05}^2(k), k = 1,2,3,4$ 均成立。

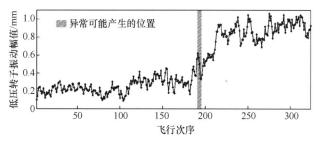

图 8 - 16　低压转子振动异常可能产生的位置

第9章

飞行数据驱动的健康管理系统

本章将主要介绍如何建立一个数据驱动的健康管理系统。

9.1 系统设计

9.1.1 功能设计

数据驱动的健康管理系统提取各种有用信息并传递给相应部门，如图9－1所示。

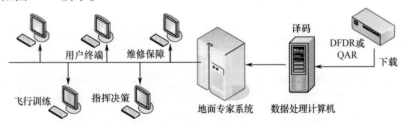

图9－1 数据驱动的健康管理系统的功能示意图

其基本用途如下：

（1）数据库的建立和管理：数据库的建立和管理是地面专家系统的一个基础组成部分，为系统数据提供了存储、描述和管理的平台；

（2）知识库的维护：支持领域专家对知识库的维护，包括知识的增加、删除以及修改；

（3）仿真模型库的维护：支持用户手动输入模型参数，维护仿真模型；

154

（4）故障诊断：提供故障诊断的功能并负责提供参考维修信息，并且系统具有自学习功能，能够不断丰富知识库；

（5）故障预测：在分析大量的历史数据基础上进行故障预测，提出参考维护建议；

（6）报告的输出：支持将故障诊断的结果、过程、故障预测的结果等以报告的形式输出。

9.1.2　总体结构

在设计时应尽量考虑到以下几个原则：

（1）采用层次化、模块化、通用化的软件结构；

（2）具有开放式的体系结构，支持用户对数据库的管理，但是在此过程中必须有严格的权限控制；

（3）系统具有自学习的功能，能够逐步自我积累、完善专家知识库；

（4）系统具有自适应的预测建模功能，能够根据预测对象历史数据的特点自动建立、评价和调节预测模型，无须人工参与；

（5）友好的人机交互界面：支持处理结果的图形化显示，具有向导方式的过程解释机制；

系统硬件采用服务器 – 客户端结构。所有终端计算机均采用 Windows Professional 2000 操作系统，数据库服务器采用 Windows Server 操作系统和 DB2 数据库管理系统。系统硬件结构如图 9 – 2 所示。

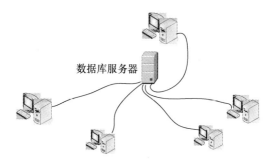

图 9 – 2　系统硬件结构图

系统软件主要由维护子系统、故障诊断子系统和故障预测子系统三部分组成,其总体设计结构如图9-3所示。

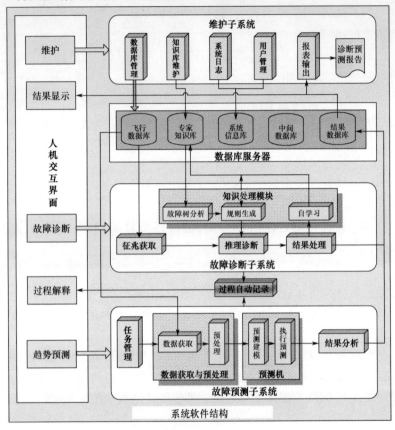

图9-3 系统的设计结构

系统工作流程如图9-4所示。

(1)用户通过身份验证登录后,进入地面专家系统的子系统选择界面;

(2)在系统使用过程中,如果用户需要进行故障诊断,则进入故障诊断子系统,进行故障诊断,并通过自学习模块修改知识库;

(3)在系统使用过程中,如果用户需要进行故障预测,则进入故障预测子系统,进行飞行参数预测;

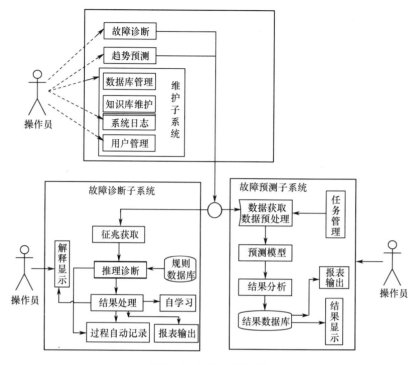

图 9-4　系统工作流程

（4）在系统使用过程中,如果用户需要进行维护,则进入维护子系统,进行数据库管理、模型维护等操作;

（5）在系统运行过程中,日志管理模块可以记录下各用户的操作使用情况。

下面将介绍这三个系统的设计。

9.2　维护系统设计

9.2.1　功能和结构

维护子系统是整个系统的基础,主要包括以下几个方面:

（1）支持领域专家输入和修改知识库;

（2）支持专家系统涉及的所有数据库的管理维护;

157

（3）支持专家系统使用日志的生成；

（4）对用户的权限和信息进行设置和管理。

维护子系统是系统的基础维护平台，其软件体系结构如图9－5所示。将该系统化分成以下几个功能模块。

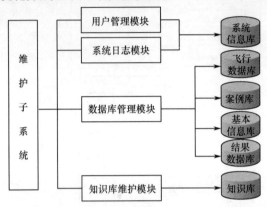

图9－5　维护子系统体系结构设计

（1）用户管理模块：用于对用户的信息以及权限进行管理；

（2）系统日志模块：对系统的使用情况进行记录；

（3）数据库管理模块：对飞机的基本信息和飞行数据的信息进行维护和管理，包括对飞机的型号、记录仪信息、飞机的性能参数、飞行数据、飞行案例等信息的管理，为故障诊断和故障预测提供信息基础。

（4）知识库维护模块：知识库维护模块负责将专家的知识维护到知识库中，为故障诊断和故障预测提供准则。

维护系统包括了对系统的6个数据库的维护，分别为系统信息库、飞行数据库、案例库、基本信息库、结果数据库、知识库。这6个数据库为后续系统的功能的实现以及稳定的运行奠定了信息基础，其设计的合理性对于系统性能的影响是非常重要的，下面介绍数据库的设计。

9.2.2　数据库设计

数据库的主要功能有两个：一是统一存储和管理飞机基本信息与飞行数据，保证这些共享信息的一致性和完整性；二是为各个功能子模块的正常运行提供数据支持。因此数据库是整个数据预处理平台的基础,其设计的合理性将直接影响整个平台的运行效率。本章对数据库的设计为系统的运行以及通用性奠定了信息基础。

数据库是一个以某种有组织的方式存储的数据集合,通常是一个文件或一组文件。在数据库领域中,这些文件被称为表。它是一种结构化的文件,可用于存储某种或多种特定类型的数据,如飞机编号、飞机类型和系统名称等。数据库设计的主要任务是通过精心合理的逻辑设计和有效的物理设计,开发出完善而高效的数据库。

数据库中的数据需要按照一定的数据模型组织、描述和存储,目前广泛使用的是关系模型(Relational Model)。与非关系型相比,关系模型是在严格的数学概念基础上建立的,概念单一,数据结构简单、清晰,易于用户理解。同时它还具有更高的数据独立性和更强的安全保密性。因此本平台数据库的设计采用关系模型。

在进行关系数据库设计时,需要符合一定的设计范式,以减少数据冗余同时保证数据的完整性。目前关系数据库有 6 种范式:第一范式(1NF)、第二范式(2NF)、第三范式(3NF)、第四范式(4NF)、第五范式(5NF)和第六范式(6NF)。实际应用中大多只需要满足至第三范式即可。下面分别介绍前三个范式。

第一范式(1NF):数据库表中的任一字段都不可再分。

第二范式(2NF):在第一范式基础上,数据库表中不存在非关键字段对任一候选关键字段的部分函数依赖,也即所有非关键字段都完全依赖于任意一组候选关键字。

第三范式(3NF):在第二范式的基础上,数据表不存在非关键字段对任一候选关键字段的传递函数依赖,即所有属性直接依赖于主键。

本书的飞行数据库设计满足第三范式要求。

整个飞行参数预处理平台的所有操作都是围绕着某架具体的飞机进行的,要求飞行数据库能提供快捷、准确的信息和数据。经过对项目合作方的产品分析和用户需求的调研,完成数据库设计的要求分析,具体如下所示:

(1)支持领域专家输入和修改模型库,所有的模型信息都与具体的飞机机型相关联;

(2)支持对黑匣子中记录的飞行数据的导入与筛选操作,并与具体某编号的飞机相关联；

（3）支持预处理结果的查询与输出；

（4）数据库还应具有开放性、可扩展性、完整性和可靠性等。

在仔细考虑需求分析后，采用模块化、通用化软件设计思想，将数据库分成三部分：公共信息、模型信息和数据信息。公共信息是指由整个平台共同分享的数据。模型信息主要包括故障模型和趋势模型的信息。数据信息是指飞行参数原始数据、结果数据及运行过程中记录的临时数据。接下来将详细介绍各个关键数据表的分析及设计。

（1）飞机信息表。飞机信息表包含描述一架飞机最基本特征的信息，用于标识现实中唯一存在的某架飞机。预处理平台的所有数据处理，从最初的参数查找，到得到最终结果，都是围绕具体某架飞机进行的，而帮助系统将飞机信息与数据联系起来的任务均由这张表完成。要建立完整的飞机信息还需要系统及参数信息。如表9-1所列为飞机信息表。

表9-1　飞机信息表

字　段	数据类型	说　明
PlaneID	VARCHAR	飞机 ID
PlaneType	VARCHAR	飞机型号
PlaneIndexNum	VARCHAR	飞机编号
Description	VARCHAR	备注
FlightTypeID	VARCHAR	飞机类型 ID

① 飞机 ID：VARCHAR 类型，支持最多 20 位字符。字段值格式："PT + Pxxx"，"PT"代表飞机类型，长度不固定。"P"代表飞机。"xxx"代表取值范围在 001 ~ 999 的自然数。飞机 ID 是飞机信息表的主键，唯一，不能重复，它与"飞机编号"一一对应。

② 飞机型号：VARCHAR 类型，支持最多 20 位字符，表明飞机所属机型信息。

③ 飞机编号：VARCHAR 类型，支持最多 20 个字符。

④ 备注：VARCHAR 类型，支持最多 100 位字符，填写飞机备注信息。

160

⑤飞机类型 ID:VARCHAR 类型,支持最多 50 位字符,与飞机类型一一对应。字段值格式:"PTxxx","PT"代表飞机类型。"xxx"代表取值范围在 001~999 的自然数。

(2)系统编码表。为飞机提供系统级别的信息。为了减少数据冗余,该表仅保存飞机系统的基本信息,并不提供飞机与系统的关联信息,如表 9-2 所列。

表 9-2　系统编码表

字　　段	数 据 类 型	说　　　明
SystemID	CHAR	系统 ID
SystemName	VARCHAR	系统名称
Description	VARCHAR	备注
SystemType	VARCHAR	系统类型

①系统 ID(主键):CHAR 类型,共有 5 位。字段值格式:"SYSxx","SYS"代表"系统","xx"代表系统编号,从 01~99。

②系统名称:VARCHAR 类型,最多 80 个字符。

③备注:VARCHAR 类型,支持最多 100 位字符,填写系统备注信息。

④系统类型:VARCHAR 类型,支持最多 50 位字符,表明系统是军用还是民用。

(3)飞行参数信息表。为飞机的系统提供飞行参数信息。为了减少数据冗余,该表仅保存飞行参数的基本信息,并不表示参数与系统之间的相互关系,如表 9-3 所列。

表 9-3　飞行参数信息表

字　　段	数 据 类 型	说　　　明
ParaID	CHAR	飞行参数 ID
ParaName	VARCHAR	参数名称
ParaCode	CHAR	参数代码
ParaUnit	VARCHAR	参数单位
SampleRate	REAL	采样率
Max	DOUBLE	上限

字　段	数据类型	说　　明
Min	DOUBLE	下限
Description	VARCHAR	备注
SignalType	VARCHAR	信号类型

① 飞行参数 ID：飞行参数 ID 是飞行参数（区分记录仪类型）的唯一标识编号，CHAR 类型，共有 7 位（主键）。字段值格式："Pxxxxxx"，"P"代表飞行参数，"xxxxxx"代表取值在 000000～999999 的参数编号；按照添加到数据库中的次序顺序编号。

② 参数名称：飞行参数的名称，VARCHAR 类型，最多 80 个字符。

③ 参数代码：CHAR 类型，最多 40 个字符。

④ 参数单位：VARCHAR 类型，最多 10 个字符，表示飞行参数单位。

⑤ 采样率：REAL 类型，小于 1 的取小数。

⑥ 上限：DOUBLE 类型。

⑦ 下限：DOUBLE 类型。

⑧ 备注：VARCHAR 类型，最多 100 个字符，飞行参数的备注信息。

⑨ 信号类型：VARCHAR 类型，20 个字符，表明信号的传输类型，如 429、422 等。

（4）飞行参数关联表。飞行参数关联表用于说明飞机型号、参数与系统三者之间的相互关系，系统中所有的参数选择功能都需要查询这张表，如表 9－4 所列。具体流程：已知飞机编号，由飞机信息表查询飞机类型；由飞机类型查找飞行参数关联表，即可得到与该类型飞机对应的系统 ID 及参数 ID；最后根据 ID 查找系统编码表及飞行参数信息表，便可得到更详细的信息。

考虑到不同类型的飞机具有相同的系统，但系统下包含的参数有可能不一致，故没有将这张表分为——飞机类型与系统关联表和系统与参数关联表。容许一定的冗余以保证数据库设计的可扩展性。

表 9 - 4　飞行参数关联表

字　段	数 据 类 型	说　　明
ParaID	CHAR	飞行参数 ID
PlaneType	VARCHAR	飞机型号
SystemID	CHAR	系统 ID

① 飞行参数 ID(外键):CHAR 类型,共有 7 位。飞行参数 ID 与飞行参数信息表的主键——飞行参数 ID 一致。

② 飞机型号(外键):VARCHAR 类型,支持最多 20 位字符,表明飞机所属机型信息。

③ 系统 ID(外键):CHAR 类型,共有 5 位。与系统编码表中主键——系统 ID 一致。这张表使用的是组合主键,由表中所有列构成。

(5) 原始飞行数据表。这里的原始飞行数据表是指保存黑匣子记录的数据的一类表的总称。由于不同类型的飞机记录仪记录的参数不同,原始飞行数据表的存储结构也各不相同,主要由数据导入程序动态生成,没有固定的结构。下面给出这类表的总体描述。

① 为达到通过飞机机型、飞机编号和飞行时间能迅速查找数据库中相应数据的目的,要求数据库中的原始飞行数据表名称包含以上信息,具体命名规则如下:数据表名 = 飞机机型_飞机编号_起飞时间_降落时间。

② 为了进行故障诊断和故障预测,原始数据表中必需包含时间信息,其余参数信息由具体的飞机型号决定。

(6) 故障事实表(FactDictoryTbl)。故障事实表是整个地面专家系统基本信息的存储场所,保存着各种描述信息,如表 9 - 5 所列。故障事实表是规则、故障树信息、征兆信息维护和存储的基础。

表 9 - 5　故障事实表

名　　称	数 据 类 型	说　　明
FactID	VARCHAR	事实编号
FactDescription	VARCHAR	对事实的全部信息描述
FactAddition	VARCHAR	附加描述

① FactID,事实编号:FactID 字段为故障代码,18 位。第 0 位为 F 表示 fact(事实),其他 17 位为故障事实编码,以区分不同的故障事实。第 1~3 位为机型编码,具体编码规则及含义同"飞机信息表"中 "FlightTypeID"。第 4~6 位为系统编码,具体编码规则及含义同"系统编码表"中"SystemID"。第 7~11 位为部件编码。第 12~17 位为具体故障事件编码,在输入故障事实时由系统自行分配。

② FactDescription:对事实的全部信息描述,描述字符串应该以最能表明事件特征的关键词和最常见的概念来组织,因为该字段的值会用于字符串匹配中。

③ FactAddition 字段:附加描述。

(7) 故障树节点位置信息表。故障树节点位置信息表主要是保存建立好的故障树中每个节点的信息以及故障树的拓扑结构信息如表 9-6 所列。故障树节点位置信息表的作用是保存完整的故障树信息,在故障树节点位置信息转化为规则知识时,可以将产生的规则自动存储到规则表。故障树节点位置信息表中的数据来自领域专家人工建立故障树时输入的信息。

表 9-6　故障树节点位置信息表

名　称	数据类型	描　述
NodePosID	CHAR	节点在故障树中的位置编号
FactID	CHAR	故障代码
ParentNodePosID	CHAR	父节点的 NodePosID 编号
NodeChildNum	INT	节点的子节点数目
NodeGateType	INT	节点的门类型
MatchDegree	文本类型	节点匹配度

① NodePosID:表的主键。节点在故障树中的位置编号,8 位,故障树采用层次遍历,链表存储。每一个故障树中的一个节点对应一个故障事实。第 8 位为 P 表示 position(位置),[7:5]表示属于第几棵故障树,因为建立的故障树都保存在此表中,不同的故障树之间要以[7:5]位来标识,[4:3]位表示节点在故障树中的层数,最多表示 100 层,[2:1]位表示节点在层中由左到右数的序号,最多表示 100 个。由[4:1]

164

位可以知道,一棵故障树最多可以有10000个节点。

② FactID:FtFactID字段为故障代码,具体方式见故障事实表(表9-5)。

③ ParentNodePosID:父节点的NodePosID编号。顶节点无父节点,规定顶节点的此字段值编号为0。

④ NodeChildNum:节点的子节点数目,INT类型,叶子节点的值0。

⑤ NodeGateType:节点的门类型,1位INT类型,0表示"与门",1表示"或门",2表示没有门的叶子节点。叶子节点可以根据Node-ChildNum节点值为0,自动填入缺省值2。

⑥ MatchDegree:节点匹配度,文本类型。所代表的数值范围在0~1之间,表示该节点事实的发生对其父节点事实发生的贡献程度。如果该节点与其兄弟节点之间是"与"关系,则各兄弟节点的匹配度之和应为"1";若为"或"关系,则系统会在转化为规则时自动置为"1"。

(8)规则表(RuleTbl)。规则表用于存储用于推理的规则,规则表中的规则由两方面获得:故障树信息表转化的规则;在规则维护界面手动输入的规则。如表9-7所列为规则表。

表9-7 规则表

名 称	数据类型	描 述
RuleID	CHAR	规则编号
PreFactList	VARCHAR	前提故障代号链
ConclusionID	VARCHAR	规则结论的故障代号
ReasonLevel	INT	规则结论节点事实在故障树中的层数
MatchDegree	文本类型	规则各个前提的匹配度

① RuleID:规则编号,10位字符,第10位为R,表示rule(规则),第[9:7]位表示该规则所属的故障树,第[6:1]用来标志故障树转化而来的第几条规则。一共可以存999999条规则。

注:手动输入的规则是000。

② PreFactList:前提故障代号链,文本类型,每个故障代号之间以

"and"分开,其中的每个故障代号是规则中的一个前提条件,如果是与"门",把每个故障树节点的子节点编号 FactID 添加到此字段,并以"and"隔开,便于推理时根据"and"提取故障代号。

③ ConclusionID:规则结论的故障代号。

④ ReasonLevel:INT 类型,对应规则结论节点事实在故障树中的层数(层数由顶至底,编号从 0 开始,顶层对应编号 0。如果是由手动添加的规则,则该字段填入"-1"。

⑤ MatchDegree:文本类型。对应于规则各个前提的匹配度,中间以空格分隔,且所有前提的匹配度之和应为"1"。

(9)预测结果表。如表 9 - 8 所列为预测结果表。

表 9 - 8 预测结果表

字　段	数据类型	说　　明
预测执行时间	VARCHAR	执行预测任务时的时间
飞机编号	VARCHAR	预测飞机编号
参数 ID	VARCHAR	预测参数的 ID 号
参数名称	VARCHAR	预测参数的名称
基准日期	VARCHAR	预测参数序列历史值的最后日期
预测步数	INTEGER	预测进行的步数
预测值	DOUBLE	预测结果
95% 置信区间上限	DOUBLE	95% 置信区间上限
95% 置信区间下限	DOUBLE	95% 置信区间下限
99% 置信区间上限	DOUBLE	99% 置信区间上限
99% 置信区间下限	DOUBLE	99% 置信区间下限
未来日期	VARCHAR	基准日期加上未来日期
超限判断	VARCHAR	对预测值是否超出参数正常范围进行判断
趋势特征	VARCHAR	监测值序列的趋势特征

预测结果保存数据仓库表主要用于保存预测结果。用这一张表保存所有记录仪的任意参数的预测结果。查找时根据飞机编号、预测执行时间、参数名称和预测步数等基本信息就可确定针对某个参数的一次预测结果。如需要更详细的查找条件可以考虑基准日期和未来日期。

① 预测执行时间：执行预测任务时的时间，VARCHAR 类型，40 位。对于一次预测来说，预测执行时间是唯一的，精确到 s，格式为 20080708 16:29:58。预测执行时间、参数名称与预测步数共同构成这张表的组合主键。

② 飞机编号：预测飞机编号，与飞机信息表中的飞机编号一致，VARCHAR 类型，30 位。

③ 参数 ID：与预测飞机编号对应的预测参数的 ID 号，与飞行参数信息表中的飞行参数 ID 号一致，VARCHAR 类型，30 位。

④ 参数名称：与预测飞机编号对应的预测参数的名称，VARCHAR 类型，30 位。组合主键之一。

⑤ 基准日期：预测参数序列历史值的最后日期，是预测的时间参考起点。VARCHAR 类型，20 位。

⑥ 预测步数：利用预测模型，执行前向预测的步数。INTEGER 类型，4 位。组合主键之一。

⑦ 预测值：对原始数据进行预测建模，计算后得出的参数在未来时刻的值。DOUBLE 类型，8 位。

⑧ 95% 置信区间上限：95% 置信区间上限，DOUBLE 类型，8 位。

⑨ 95% 置信区间下限：95% 置信区间下限，DOUBLE 类型，8 位。

⑩ 99% 置信区间上限：99% 置信区间上限，DOUBLE 类型，8 位。

⑪ 99% 置信区间下限：99% 置信区间下限，DOUBLE 类型，8 位。

⑫ 未来日期：未来日期是与预测值对应的日期，等于基准日期加上预测步数。VARCHAR 类型，20 位。

⑬ 超限判断：对预测值是否超出参数的正常范围予以判断，VAR-CHAR 类型，20 位。

⑭ **趋势特征**：对监测值序列的发展趋势进行判断，上行、下行、无趋势，VARCHAR 类型，20 位。

9.3 故障诊断系统设计

9.3.1 功能和结构

故障诊断系统的主要功能是应该完成以飞行数据为数据源对飞机进行故障诊断,在这个过程中至少有以下几个问题需要解决:

(1) 如何从飞行数据中获取用于故障诊断的征兆信息?

(2) 如何利用知识库的知识进行诊断?

(3) 如果知识库中的知识不完备,该如何进行诊断?

(4) 如何对知识库不断的进行补充和更新,同时保证知识库的精简?

(5) 如何将诊断过程"透明化"的显示给用户?

为了解决上述问题,故障诊断系统应该包含如下功能模块,如图9-6所示。在图9-6中显示了如何利用数据库中的信息进行工作,以及如何将数据库中的信息进行更新的过程。

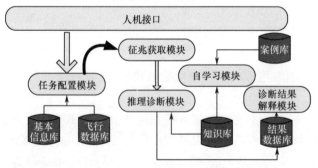

图9-6 故障诊断系统结构图

(1) **任务配置模块**:为了保障系统的通用性,并且支持用户选择不同的方法进行故障诊断,任务配置模块具有配置待诊断的机型、系统、部件的功能,并且支持用户选择诊断的方法。

(2) **故障征兆获取模块**:并不是所有的飞行数据都用于故障诊断,也不能直接将飞行数据送入诊断推理模块,需要提取故障征兆信息。这就类似于病人去医院看病,医生要通过测量病人的体温、血压、血项等指标后才能对病人进行诊断。

（3）推理诊断模块：负责完成利用故障征兆信息进行故障诊断的功能，此系统中可以集成多种故障诊断的方法，例如专家系统方法、SVM方法等。

（4）诊断结果解释模块：此模块负责将诊断过程以及造成诊断结果的原因解释给用户。

（5）自学习模块：此模块完成从积累的大量案例中提取知识，并在保证知识库精简的前提下，将知识存入知识库。

下面主要介绍一下推理诊断模块和自学习模块的设计和实现。

9.3.2　推理诊断功能模块的设计

为了保证系统的通用性和可扩展性，系统应该能够集成多种故障诊断方法，下面以专家系统中的正向推理和SVM方法来说明故障诊断功能模块的设计。前面我们已经详细介绍了SVM，下面介绍一下专家系统中的推理机制。

推理诊断机制是一种重要的故障诊断方法。一个专家系统的性能首先依赖于知识库的完整性，即是否有充足完备的规则库；其次与具体推理机制的实现相关。也就是说只拥有一个大量规则库的系统仍不能解决专业领域的问题，还必须具有应用这些规则的能力，即推理的能力。

规则推理，通常也称产生式推理，它可以正向推理，也可以执行反向推理。采取何种推理方式，取决于推理的目标和搜索空间的特点。如果目标是从一组给定事实触发，找到所有能推断出来的结论，则应采用正向推理；如果目标是证实或否定某一特定结论，则应采用反向推理。

正向推理是以已知事实作为出发点的一种推理，又称为数据驱动推理、前向链推理、模式制导推理及前件推理等，这种推理模式符合本项目以飞参数据驱动推理要求，因此考虑采用正向推理模式。

正向推理的基本思想是：从用户提供的初始已知事实出发，在知识库（Knowledge DataBase，KB）中找出当前可适用的知识，构成可适用知识集（Knowledge Set，KS），然后按某种冲突消解策略从KS中选出一条知识进行推理,并将推出的新事实加入到数据库中作为下一步推理的已知事实,在此之后再在知识库中选取可适用知识进行推理,如此重复进行这一过程,直到求得了所要求的解或者知识库中再无可适用的知识为止,推理流程如图9-7所示。其推理过程可用如下的算法描述:

(1) 将用户提供的初始已知事实送入数据库 DB;

(2) 检查数据库 DB 中是否已经包含了问题的求解,若有,则求解结束,并成功退出;否则执行下一步;

(3) 根据数据库 DB 中的已知事实,扫描知识库 KB,检查知识库 KB 中是否有可适用(即可与 DB 中已知事实匹配)的知识,若有,则转 (4),否则转(6);

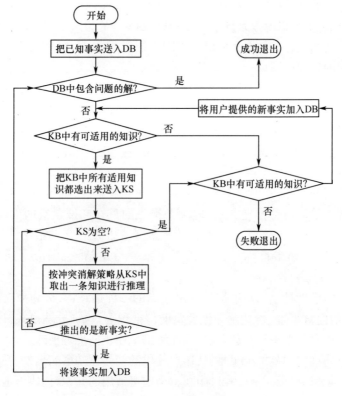

图 9-7 正向推理流程

170

（4）把 KB 中所有的适用知识都选出来,构成可适用的知识集 KS;

（5）若 KS 不空,则按某种冲突消解策略从中选出一条知识进行推理,并将推出的新事实加入 DB 中,然后转（2）;若 KS 空,则转（6）;

（6）询问用户是否可进一步补充新的事实,若可补充,则将补充的新事实加入 DB 中,然后转（3）;否则表示求不出解,失败退出。

从表面上看,正向推理似乎并不复杂,其实在具体实现时还是有许多工作要做的,例如,在以上推理过程中要从知识库 KB 中选出可适用的知识,这就要用知识库中的知识与数据库中的已知事实进行匹配,为此就需要确定匹配的方法。另外,匹配通常都难以做到完全一致,因此还需要解决怎样才算是匹配成功的问题。其次,为了进行匹配,就要查找知识,这就牵涉到按什么路线进行查找的问题,即按什么策略搜索知识库。再如,如果适用的知识只有一条,这比较简单,系统立即就可用它进行推理,并将推出的新事实送入数据库 DB 中。但是,如果当前适用的知识有多条,应该先激活哪一条规则,这是推理中的一个重要问题,称为冲突消解策略。

9.3.3 自学习功能模块的设计

自学习模块包括规则的自动提取和规则库的维护两个功能,其中规则的提取方法在第 6 章已经详细介绍了粗糙集方法,下面主要介绍知识库的维护功能,包括知识库的不一致性和循环的检验。

1）规则的不一致性表现

规则的不一致性主要表现为冗余规则、矛盾规则和循环规则等,其具体表现形式如下:

（1）冗余规则。当一条规则可以由另外的规则表示或者推理时,称这条规则为冗余的规则。冗余的规则会降低系统的效率,造成知识库不必要的增大,使推理时间延长,同时使知识库的维护难度加大,因此要尽量减少冗余规则。冗余规则主要包括以下几种情况。

① 等价的冗余规则。一条规则的条件与结论和另一条规则的条件与结论完全等价,例如:

R1:if fly = true and layegg = true then animal = bird;

R2：if layegg = true and fly = true then animal = bird；

这时应删除其中的任意一条规则。

② 包含的冗余规则。一条规则的条件(结论)包含另一条规则的条件(结论)。

③ "与"条件包含的冗余规则。一条规则"与"条件的约束包含另一条规则"与"条件的约束，但它们的结论是相同的，例如：

R1：if fly = true and layegg = true then animal = bird；

R2：if layegg = true then animal = bird；

在这种情况下，应删除规则 R1。

④ "或"条件包含的冗余规则。一条规则"或"条件的约束包含另一条规则"或"条件的约束，但它们的结论是相同的，例如：

R1：if fly = true OR layegg = true then animal = bird；

R2：if layegg = true animal = bird；

在这种情况下，一般应删除规则 R2。

⑤ "与"结果包含的冗余规则。两条规则的条件是相同的，但是其中一条规则的结果"与"条件个数多于另一规则的结果"与"条件个数，例如：

R1：if a then b and c and d；

R2：if a then b and c；

在这种情况下，应删除规则 R2。

⑥ "或"结果包含的冗余规则。两条规则的条件数是相等的，但是其中一条规则的结果"或"条件多于另一条规则的结果"或"条件个数，例如：

R1：if a then b or c or d；

R2：if a then b or c；

在这种情况下，一般删除 R2。

(2) 矛盾规则。当某一规则的结论与前提相反时，或者两条规则的前提相同但是结论相反时，称该规则是矛盾的规则。对于矛盾的规则，系统维护时，有些情况只能把相互矛盾的两条或者几条规则检测出来，但不能自动决定删除哪一条规则，必须通过人机交互由领域专家仔细斟酌衡量进行删除。主要有如下几种情形。

① 自相矛盾。从某一前提直接推导出相反的结论,例如:

R1:if old = true then old! = true;

② 相互矛盾。

两条规则的条件相同,但结果相反,例如:

R1:if fly = true then animal = bird;

R2:if fly = true then animal! = bird;

③ 传递自相矛盾。从某一前提经过某一推理链推导出相反的结论,例如:

R1:if a then b;

R2:if b then NOT a;

④ 传递矛盾。两条规则的条件相同,但经过某推理链导出相反的结论,例如:

R1:if a then b;

R2:if b then d;

R3:if a then c;

R4:if c then NOT d;

推理链 R1,R2 和链 R3,R4 是矛盾推理链。检测出来后必须由领域专家或知识工程师决定对其中的两条规则进行删除。

(3) 循环规则。当某一规则的结论与前提相同时,或者某一规则链中的中间结果或最后结果与该规则的前提相同时,称为循环的规则,例如:

R1:if a then b;

R2:if b then a;

R3:if a then c;

R4:if c then d;

R5:if d then a;

R1 和 R2 构成一条循环规则链,R3、R4 和 R5 也构成一条循环规则链。

(4) 死规则。当某一规则的前提之间相反时,称为死规则。这种情况一般很少见。

2) 文字集闭包与规则蕴涵

规则库维护功能模块的实现是基于文献中的文字集闭包与规则蕴

涵的方法。

（1）文字集闭包。一个原子或者一个原子的否定称为一个文字，若干个文字的集合称为一个文字集。对于给定的文字集和规则库，通过推理可以得到一个以文字集为前提的结论集，这个结论集描述了文字集和规则库可能得到的所有结果，称为文字集关于规则库的闭包。

定义 9.3.1 （文字集 W 关于规则库 R 的闭包 $C_R(W)$）设 $W = \{p_1, p_2, \cdots, p_n\}$ 是一个文字的集合，R 是一个规则库，则闭包 C 定义如下：

① C 中包含 $p_1, p_2, \cdots, p_n$；

② 若规则库 R 中存在规则 $q_1 \wedge q_2 \wedge \cdots \wedge q_m \rightarrow q$，且 $q_1, q_2, \cdots, q_m$ 都在 C 中，那么 C 包含 q。

所有由①和②生成的文字构成的集合称为文字集 W 关于规则库 R 的闭包，记作 $C_R(W)$。

定理 9.3.1 规则 r 是一个规则库 R 的蕴涵当且仅当由 r 的前提组成的文字集 P 关于规则库 R 的闭包 $C_R(W)$ 中包含 r 的结论。

证：不妨假定 r 的形式为 $p_1 \wedge p_2 \wedge \cdots \wedge p_m \rightarrow q$，为了方便，记 $P = \{p_1, p_2, \cdots, p_m\}$。

① 设 R 蕴涵 r，那么 r 能够从 R 中某些规则推导出来，即 $r| \in R+$，根据定义，$p_1, p_2, \cdots, p_m$ 包含在 $C_R(P)$ 中，所以 $q \in C_R(P)$。

② 如果 $C_R(P)$ 包含 q，下面证明 $R| = r$。根据文字集闭包的定义，可以将文字集的闭包的构造过程作如下描述：

初始，令 $P_0 = \{p_1, p_2, \cdots, p_m\}$，如果不存在满足定义要求的规则，那么 $C_R(P) = P_0$。否则，存在若干规则满足要求，取其中的一条不妨设为 r_1，其结论为 q_1。由于 r_1 的前提均取自 P_0，故而 $P_0 \rightarrow q_1$ 可以根据 r_1 推出。令 $P_1 = P_0 \cup \{q_1\}$，则 $P_0 \rightarrow P_1$。对于 P_1 如果不存在满足定义要求的规则，那么 $C_R(P) = P_1$。否则，进行与 P_0 同样的过程，可以得到一条结论为 q_1 的规则 r_2，令 $P_2 = P_1 \cup \{q_2\}$，$P_1 \rightarrow P_2$。

如此下去，直到某个 P_k，使得 $C_R(P) = P_k$，且 $P_{k-1} \rightarrow P_k$，$P_k \rightarrow q_k$。因为论域是一个有限的集合，而 $C_R(P)$ 是这个集合的子集，这样的 P_k 一定能够得到。

因为 q 在 $C_R(P)$ 中,所以 q 或者是 $p_1,p_2,\cdots,p_m$ 中的一个,或者是 $q_1,q_2,\cdots,q_k$ 中的一个。对于第一种情形,结论是显然的。对于第二种情形,不妨设 $q = q_1$,则有 $P_0{\rightarrow}P_1,P_1{\rightarrow}P_2,\cdots,P_{l-1}{\rightarrow}P_l$,且 $P_l{\rightarrow}q_l$,于是有 $P_0{\rightarrow}q_l$,即 $P_0{\rightarrow}q$。同时 $P_0{\rightarrow}P_1,P_1{\rightarrow}P_2,\cdots,P_{l-1}{\rightarrow}P_l$,且 $P_l{\rightarrow}q_l$ 都在 R 闭包内,所以 $P_0{\rightarrow}q$ 可以由 R 的闭包中的规则逻辑推出,即 $R|=r$。

该定理实际上提供了一个蕴涵冗余规则的判定算法。

(2) 规则蕴涵。规则 r 被一个规则库 R 蕴涵是指规则 r 可由规则库 R 中的规则推导出来,记作 $R|=r$。同时,如果一个规则库 S 中的所有规则都被规则库 R 所蕴涵,称为规则库 R 蕴涵规则库 S,记作 $R|=S$。例如:$S=\{p{\rightarrow}w\}$,$R=\{p{\rightarrow}q,q{\rightarrow}w\}$,规则 $p{\rightarrow}w$ 可以由规则库 R 中的两条规则推出,因此 $R|p{\rightarrow}w$。同时由于规则库 S 中只有一条规则 $p{\rightarrow}w$,所以 $R|=S$。

规则库 R 中的一条规则 r 可由规则库中的其他规则蕴涵,即 $R-r|=r$,此时规则库 R 的功能与去掉规则 r 后的 $R-r$ 功能完全相同,因为规则 r 的功能可以有 $R-r$ 中的其他一条或若干条规则取代。从功能的角度看,r 在规则库 R 中是多余的。r 称为规则库 R 的蕴涵规则冗余。这样的蕴涵规则冗余在过去的研究中被分为以下几类:①等价规则;②传递规则;③从属规则(又称前提包含规则);④复杂的蕴涵冗余。这些规则冗余是由规则蕴涵造成的。

3)蕴涵冗余规则校验

蕴涵冗余规则校验算法由 3 个子算法组成。算法 1 计算规则库的最小覆盖;算法 2 用于检测一条规则在一个规则库中是否冗余;算法 3 旨在计算一个文字集的闭包。

(1)算法 1:计算规则库的最小覆盖。

输入:规则库 $R=\{r_1,r_2,\cdots,r_n\}$;

输出:规则库 R 的最小覆盖;

步骤 1:取 $R_0=R,i=0$;

步骤 2:判定规则库 R_i 中任意一条规则 r,用算法 2 判定 r 是否为规则库 R_i-r 的冗余规则;若是冗余规则,则从 R_i 中去掉 r,重复步骤

2,直到规则库中没有冗余规则。

（2）算法2：判定规则冗余。

输入：规则r，规则库R；

输出：r是否是R的蕴涵冗余规则的真值；

步骤1：取规则r的前提文字集记作P，结论文字集记作q，由算法3计算文字集P关于规则库R的文字集闭包记作C；

步骤2：判断q是否属于文字集闭包C，若属于则返回真值；否则，返回假值。

（3）算法3：计算文字集闭包。

输入：文字集W，规则库R；

输出：文字集W关于规则库R的闭包C；

步骤1：$i=0$，$C_0=W$，$R_0=R$；

步骤2：将S置空，判定R_i中每条规则r的前提文字是否在C_i中，若在则将规则r的结论放在S中，并将C_i取作C_i和S的并集；

步骤3：判定C_{i+1}是否等于C_i，若不等，将i增加1并重复步骤2，否则C_i为求得的文字集关于规则库R的文字集闭包。

4）循环规则校验

下面算法用于判定规则库中的循环规则链：

输入：规则库$R=\{r_1,r_2,\cdots,r_n\}$及R中的一条规则r_i；

输出：规则库R中是否存在包含规则r_i的规则链的真值，若真，输出规则链。

步骤1：取R中以r_i的前提或者前提的一部分作为前提的所有规则的结论构成一个文字集W。

步骤2：依次计算W关于$R_j=\{r_1,r_2,\cdots,r_j\}$的闭包$C_j(j=1,2,\cdots,i-1,i+1,\cdots,n)$，直到$C_j$包含了规则$r_i$所有前提或者$j$达到最大时停止计算。

步骤3：如果某个C_j包含了r_i的所有前提，那么规则集$R'=\{r_1,r_2,\cdots,r_j,r_i\}$中含有循环规则链。

步骤4：从$R'—r_i$中去掉一条规则，并计算文字集W关于去掉规则后的闭包。若闭包中依然含有包含r_i所有的前提，则将该规则从R'中去掉；否则在R'中保留该规则。

步骤5:对 $R' - r_i$ 所有规则,重复步骤4。

步骤6:最后得到的规则集 R' 是空,输出假,否则输出真,R' 是包含 r_i 的规则。

9.4 故障预测系统设计

9.4.1 功能和结构

飞行数据库中连续存储的参数数据,包含着反映特定飞机健康状况变化过程和发展趋势的重要信息。在大量占有飞行数据的基础上,挖掘机载设备工作性能的变化模式,并由此估计设备剩余使用寿命(用飞行次数表示)、检测潜在异常,为地面预防和排除故障提供充分的时间和决策依据,是故障预测子系统的任务重点。

故障预测子系统的模块结构如图9-8所示,包括任务管理模块、数据获取与预处理模块、预测机模块、结果分析模块、结果显示模块和过程解释模块。

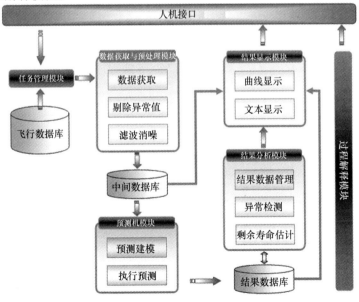

图9-8 预测系统结构

任务管理模块用于故障预测任务的定制和管理，支持多个任务在系统中的并存。用户能够在系统的指导下定制并激活所需预测任务。

数据获取与预处理模块主要是根据用户定制的任务列表，从飞行数据库中读取对应的历史监测值序列，并对其进行剔除异常值、消除噪声、平滑滤波等预处理操作。

预测机模块是子系统的核心模块，要求能够根据机载设备性能指标监测序列的特点，选择合适的方法构建预测模型，对设备工作性能的未来趋势进行预报。通过预测值与性能评价指标限制值的比较分析，可及时发现机载设备的性能异常，并确定异常可能发生的时间；该模块还具有对历史预测结果执行检索和查看功能，以及根据用户需求生成报表文件功能。

9.4.2 自回归滑动平均模型

飞机的性能参数的预测是预测系统的核心，在系统中可集成多种预测方法，前面章节我们已经详细介绍了 SVM 方法，在本小节主要介绍一下工程上应用比较广泛的自回归滑动平均模型(Autoregressive Moving Average，ARMA)。ARMA 有着成熟的理论基础，实现起来简单有效。迄今仍然是各领域中应用最为广泛的线性统计预测模型。

1）模型形式

对于零均值平稳时间序列 $\{S_t, t \in N\}$，ARMA 模型具有如下形式：

$$S_t = \phi_1 S_{t-1} + \phi_2 S_{t-2} + \cdots + \phi_p S_{t-p} + \theta_1 \varepsilon_{t-1} +$$
$$\theta_2 \varepsilon_{t-2} + \cdots + \theta_q \varepsilon_{t-q} + \varepsilon_t, \ t \in N \tag{9-1}$$

简记为 $ARMA(p,q)$。其中 $\{\varepsilon_t, t \in N\}$ 是独立同分布随机序列，通常假定 ε_t 服从 $N(0, \sigma_\varepsilon^2)$；$p$、$q$ 是模型阶数；未知参数 $\phi_1, \phi_2, \cdots, \phi_p, \theta_1, \theta_2, \cdots, \theta_q, \sigma_\varepsilon^2 \in R$ 待定。

特别地，当 $q=0$ 时 $ARMA(p,0)$ 模型即自回归模型(Autoregressive Model, AR)

$$S_t = \phi_1 S_{t-1} + \phi_2 S_{t-2} + \cdots + \phi_p S_{t-p} + \varepsilon_t \tag{9-2}$$

简记为 AR(p)。

2）性能指标监测序列 ARMA 建模与预测

（1）建模与预测算法流程。如图 9 – 9 所示，针对预处理后的机载设备性能指标监测序列 $\{S_1,S_2,\cdots,S_n\}$ 构建 ARMA 模型和基于所得模型执行前向预测的算法流程如下。

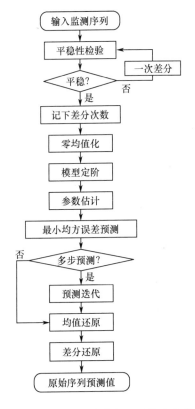

图 9 – 9　ARMA 建模与预测算法流程

① 平稳性检验：若经检验原始序列非平稳，则执行一次差分处理 $\nabla S_t = S_t - S_{t-1}$，重复进行检验，直到所得差分序列 $\{S_{m+1}^\nabla,S_{m+2}^\nabla,\cdots,S_n^\nabla\}$ 平稳，记下差分次数 m；否则，直接进入步骤②。

② 零均值化：对原始序列或差分所得序列 $\{S_{m+1}^\nabla,S_{m+2}^\nabla,\cdots,S_n^\nabla\}$ 进行零均值化处理，并保存序列均值 $\overline{\mu}_{S^\nabla}$。

$$S_t^\nabla = S_t^\nabla - \bar{\mu}_{S^\nabla}, \quad \bar{\mu}_{S^\nabla} = \frac{1}{n-m} \sum_{t=m+1}^{n} S_t^\nabla \qquad (9-3)$$

为了形式统一,这里将原始序列 $\{S_1, S_2, \cdots, S_n\}$ 看作 $m = 0$ 次差分序列。

③ 模型定阶:针对零均值差分序列,采用一定的准则确定模型阶次 p、q。

④ 参数估计:估计模型参数 $\hat{\phi}_1, \hat{\phi}_2, \cdots, \hat{\phi}_p; \hat{\theta}_1, \hat{\theta}_2, \cdots, \hat{\theta}_q; \hat{\sigma}_\varepsilon^2$。

⑤ 最小均方误差预测:基于所构建的 $ARMA(p,q)$ 模型执行前向最小均方误差预测。

⑥ 均值还原和差分还原:得到原始序列的一步或多步前向预测值。

(2) 算法说明。

具体操作中,步骤①采用逆序法进行平稳性检验。步骤③和④将在下文单独介绍。步骤⑤中,基于 ARMA 模型的一步最小均方误差预测值由式(9-4)给出:

$$\hat{S}_{t+1}^\nabla = \hat{\phi}_1 S_t^\nabla + \hat{\phi}_2 S_{t-1}^\nabla + \cdots + \hat{\phi}_p S_{t-p+1}^\nabla + \hat{\theta}_1 \varepsilon_t +$$
$$\hat{\theta}_2 \varepsilon_{t-1} + \cdots + \hat{\theta}_q \varepsilon_{t-q+1}, \quad t \geqslant \max(p,q) + m \qquad (9-4)$$

其中,$\varepsilon_t, \varepsilon_{t-1}, \cdots, \varepsilon_{t-q+1}$ 是在给定初值:

$$\varepsilon_{p+m-q+1} = \varepsilon_{p+m-q+2} = \cdots = \varepsilon_{p+m} = 0 \qquad (9-5)$$

条件下,由式

$$\varepsilon_k = S_k^\nabla - \left(\sum_{i=1}^{p} \hat{\phi}_i S_{k-i}^\nabla + \sum_{j=1}^{q} \hat{\theta}_j \varepsilon_{k-j} \right), \quad p+m+1 \leqslant k \leqslant t \quad (9-6)$$

迭代给出。

多步预测采用单步预测迭代方法实现,例如,$l \geqslant 2$ 步最小均方误差预测值:

$$\hat{S}_{t+l}^\nabla = \hat{\phi}_1 S_{t+l-1}^\nabla + \hat{\phi}_2 S_{t+l-2}^\nabla + \cdots + \hat{\phi}_p S_{t+l-p}^\nabla +$$
$$\hat{\theta}_1 \varepsilon_{t+l-1} + \hat{\theta}_2 \varepsilon_{t+l-2} + \cdots + \hat{\theta}_q \varepsilon_{t+l-q} \qquad (9-7)$$

式中:当 S_{t+l-i}^∇ 不存在时可由其预测值 $\hat{S}_{t+l-i}^\nabla$ 代替;ε_{t+l-j} 仍由式(9-6)

迭代给出,但当 $j < l$ 时, $\varepsilon_{t+l-j} = 0$。随着迭代次数的增加(即预测提前时间的增加),预测准确度不断下降,当下降到可接受水平以下时,认为未来值"不可预测",因此,具体应用中预测步数 l 存在一个上限值,称为最大预测步数,通常可根据既定的预测准确度要求,采取试探的办法获得。

步骤⑥中,均值还原公式为

$$\hat{S}_{t+l}^{\nabla} = \hat{S}_{t+l}^{\nabla} + \bar{\mu}_{S^{\nabla}} \qquad (9-8)$$

差分还原公式为

$$\hat{S}_{t+l} = \hat{S}_{t+l}^{\nabla} - \sum_{i=1}^{m} (-1)^i C_m^i S_{t+l-i} \qquad (9-9)$$

当 S_{t+l-i} 监测值不存在时,用其预测值代替 $\hat{S}_{t+l-i}$; C_m^i 表示组合数。

(3) ARMA 模型定阶与参数估计。

① 定阶准则。在经典的 Box – Jenkins 建模方法中,模型阶数确定依赖于序列的自相关函数和偏自相关函数,人为性大且不宜工程实现。而基于"定阶准则"的模型选择方法,能够在准则约束下自行确定模型阶数,是工程应用中广泛采用的一种方式。

常用的定阶准则主要有:白噪声检验准则、误差平方和最小准则和 Akaike 信息准则。白噪声检验准则通过检验建模误差是否为一白噪声来辨识合适的模型。误差平方和最小准则通过比较不同阶次模型的建模误差平方和大小来选择模型。事实上,对于一组监测样本序列,总可以通过增加模型复杂度来提高建模精度,然而模型越复杂,过度建模风险就越大,即模型所反映的很可能是受噪声污染的样本序列,而非隐含在序列数据中的真实规律。

Akaike 信息准则在模型建模精度和复杂度之间寻求一种平衡,确保在同等建模精度条件下,选择复杂度最低的模型;有效避免了因盲目追求建模精度而产生的"模型过于复杂、建模运算量过大"问题出现和"过度建模"现象发生,使得依据有限监测序列样本所确立的模型更好地反映性能评价指标变化的真实规律。

Akaike 信息准则包括 Akaike 的信息准则(Akaike's Information Criteria,AIC)和贝叶斯(Bayesian Information Criteria,BIC)两种形式,其

准则值如下：

$$\text{AIC}_r = \ln(\hat{\sigma}_\varepsilon^2) + 2r/n + c \qquad (9-10)$$

$$\text{BIC}_r = \ln(\hat{\sigma}_\varepsilon^2) + r \cdot \ln(n)/n + c \qquad (9-11)$$

式中：r 为待估计的模型参数个数，用于衡量模型复杂度；$\hat{\sigma}_\varepsilon^2$ 为针对样本序列建模误差方差的极大似然估计，代表建模精度；n 为建模用样本序列长度；c 为一常数，通常可以略去。

具体操作时应选择产生最小准则值的模型。由于 BIC 准则给模型复杂度以较大的"惩罚"，故由 BIC 准则选出的模型参数个数一般不多于 AIC 准则。

② 基于 BIC 准则的 ARMA 模型定阶与参数估计。采用 BIC 准则确定 ARMA 模型的阶次时，$r = p + q + 1$。下述算法可同时给出 ARMA 模型的最佳阶次（准则意义上）和参数 $\phi_1, \phi_2, \cdots, \phi_p, \theta_1, \theta_2, \cdots, \theta_q$ 的最小二乘估计。如图 9-10 所示，算法流程如下。

a. 输入 p、q 的最大允许值 p_{max} 和 q_{max}；p、q 从 0 开始依次增加 1，循环执行 a 到 d 步操作。

b. 针对零均值样本序列 $\{S_{m+1}^\nabla, S_{m+2}^\nabla, \cdots, S_n^\nabla\}$，采用最小二乘法估计 ARMA$(p,q)$ 模型的参数 $\boldsymbol{\varphi} = (\phi_1, \phi_2, \cdots, \phi_p)^T$ 和 $\boldsymbol{\theta} = (\theta_1, \theta_2, \cdots, \theta_q)^T$；估计值标记为 $\hat{\boldsymbol{\varphi}}, \hat{\boldsymbol{\theta}}$。

c. 计算所确定 ARMA 模型的误差平方和 $\text{Sum}_{p,q} = \text{Sum}(\hat{\boldsymbol{\varphi}}, \hat{\boldsymbol{\theta}}) = \sum_{t=n_0}^n (S_t^\nabla - \hat{S}_t^\nabla)^2$，于是极大似然估计 $\hat{\sigma}_\varepsilon^2 = \text{Sum}_{p,q}/(n - n_0 + 1)$，其中 $n_0 = \max(p,q) + m + 1$。

d. 由式 (9-11) 计算准则值 $\text{BIC}_{p,q}$。

e. 当 $p = p_{max}$，$q = q_{max}$ 时，所有可能阶次的 $\text{BIC}_{p,q}$ 值计算完毕。

f. 最小 $\text{BIC}_{p,q}$ 值所对应的 p、q 是模型最佳阶次。

g. 输出此时的 p、q 和参数估计值 $\hat{\boldsymbol{\varphi}}, \hat{\boldsymbol{\theta}}$。

上述算法应根据需要合理设置上限值 p_{max} 和 q_{max}，避免盲目取过大值，以降低计算量，提高建模速度。在针对机载设备性能指标监测序列构建 ARMA 模型时，常令 $p_{max} = 5$ 和 $q_{max} = 5$。

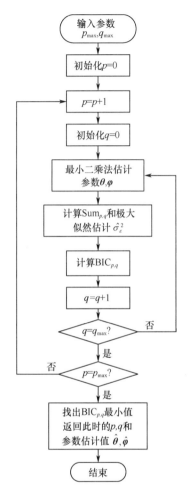

图 9 – 10　基于 BIC 准则的 ARMA 定阶与参数估计算法流程

3）ARMA 模型的应用

利用航空发动机性能参数数据,对预测模型的有效性进行验证。选取了巡航阶段的 EGT、EPR、N1、N2 以及 FF 数据。对每组数据采样了 120 个数据点,对于各组数据,利用前 60% 的数据建立模型,并对剩余的 40% 数据利用建立好的模型进行单点外推预测,分别利用 ARMA 模型和 SVM 进行比较,结果对比如图 9 – 11 所示。

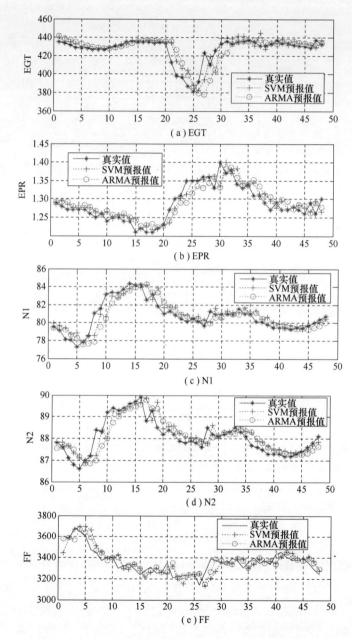

图 9 – 11　几组数据 ARMA 模型和 SVM 的预测结果对比

下面利用 SVR 模型对上一章中用到的真实航空发动机性能数据进行建模预测。依然利用前 60% 的数据训练模型,并对剩余的 40% 数据利用训练好的模型进行单点外推预测,并与 ARMA 模型的预测结果进行对比。预测结果如图 9 – 11 所示。

从图 9 – 11 中可以看出,前四组数据 SVR 模型的预测结果要优于 ARMA 模型。采用 MSRE 作为精度评价指标,其中 MSRE 定义为 $\mathrm{MSRE} = \dfrac{1}{T} \sum\limits_{i=1}^{T} \left(\dfrac{\hat{z}_i - z_i}{z_i} \right)^2$。这几种发动机性能参数数据预测结果的精度对比如表 9 – 9 所列。

表 9 – 9 SVR 和 ARMA 的预测精度比较

数据 ＼ 方法	SVR	ARMA
EGT	0.0172	0.0187
EPR	0.0164	0.0185
N1	0.0100	0.0106
N2	0.0047	0.0049
FF	0.0196	0.0173

由图 9 – 11 和表 9 – 9 可以看出,SVR 对发动机性能参数,尤其是呈现非线性的数据,SVR 的单点预测有很高的可靠性。相对于 ARMA 模型,预测精度略有提高。而最后一组的燃油流量数据,SVM 的预测结果不如 ARMA 模型。这可能是因为,这组数据的变化趋势相对比较平缓,将它进行差分后线性和平稳性都比较好,所以应用 ARMA 模型对其进行预测,精度也比较高。

对于上述五组航空发动机的性能参数数据,在相同的硬件和软件平台下,SVR 和 ARMA 模型预测的时间对比结果如表 9 – 10 所列,其中预测时间的单位为 s。

表 9 – 10 SVR 和 ARMA 的运算时间比较

数据 ＼ 方法	SVR	ARMA
EGT	1.375	0.235
EPR	2.625	0.265

数据 ＼ 方法	SVR	ARMA
N1	2. 140	0. 250
N2	2. 080	0. 258
FF	1. 385	0. 234

　　从表 9 - 10 中可以看出,SVR 的运算时间远远超过 ARMA 模型,对于实时性要求严格的系统,应用 SVR 模型进行预测将存在一定的弊端。而且,随着序列的波动性和样本数的增多,SVR 模型的训练时间会随之快速增长。因此 SVM 的训练速度慢的问题一直是限制其应用范围的瓶颈,因此在后续的研究中,作者们将致力于将 SVM 在 FPGA 上进行并行计算,提高 SVM 的训练速度,推进其在实际中的应用。

参 考 文 献

[1] Bodden D S, Hadden W, Grube B E, et al. PHM as a Design Variable in Air Vehicle Conceptual Design[C]//Anon. PHM as a Design Variable in Air Vehicle Conceptual Design – Aerospace Conference 2005. Montana：IEEE, 2005：1 – 11.

[2] 张宝珍. 国外综合诊断预测与健康管理技术的发展及应用[J]. 计算机测量与控制, 2008, 16(5)：591 – 594.

[3] 孙博, 康锐, 谢劲松. 故障预测与健康管理系统研究和应用现状综述[J]. 系统工程与电子技术, 2007, 29(10)：1762 – 1767.

[4] 杨玉岭. 史密斯航宇公司为未来山猫直升机开发 HUMS 技术[EB/OL]. (2006 – 07 – 06)[2006 – 08 – 07]. http://jczs. sina. com. cn.

[5] Clark G J, Vian J L, West M E. Multi – platform Airplane Health Managemen[C]//Anon. Multi – platform Airplane Health Management – Aerospace Conference2007. Montana：IEEE, 2007；1 – 13 .

[6] 张亮, 张凤鸣, 李俊涛, 等. 机载预测与健康管理(PHM)系统的体系结构[J]. 空军工程大学学报(自然科学版), 2008, 9(2)：6 – 9.

[7] 郭阳明, 蔡小斌, 张宝珍, 等. 新一代装备的预测与健康状态管理技术[J]. 计算机工程与应用, 2008, 44(13)：199 – 202, 248.

[8] 北京航天测控技术公司.健康状态管理平台 WePHM 简介[EB/OL]. (2009 – 08)[2015 – 11]. http://www. casic – amc. com/.

[9] 北京航空航天大学可靠性工程研究所.北京航空航天大学可靠性工程研究所主要研究成果[EB/OL]. (2010 – 08)[2015 – 11]. http://rms. buaa. edu. cn/.

[10] 石湘. 民用飞机系统的故障预测与健康管理系统设计[J]. 信息技术,2013,7：261 – 262.

[11] 吴明辉,许爱强,戴豪民.PHM 技术在综合航空电子系统中的应用[J].兵工自动化, 2013,32(4)：72 – 75.

[12] 肖蕾,李颖晖,赵鸥,等.基于小波变换的飞机电力作动系统故障诊断[J].空军工程大学学报,2009,10(5)：55 – 58.

[13] Chen Wei,Jiang Bin,Zhang Ke,et al. Robust Fault Diagnosis for Helicopter FCS Based on Linear Parameter – varying Adaptive Observer[J]. Transaction of Nanjing University of Aeronautics & Astronautics,2009,26(4)：288 – 294.

[14] 刘华,唐永哲,郝涛,等.飞控系统传感器故障诊断研究[J].计算机仿真,2010,27(2):30-33.

[15] 费成巍,艾延廷,王蕾,等. 基于支持向量机的航空发动机整机振动故障诊断技术研究[J]沈阳航空航天大学学报,2010,27(2):29-33.

[16] Chelidze D. Multimode damage tracking and failure prognosis in electromechanical system – Proceedings of SPIE[C]. SPIE:SPIE Digital Library,2002.

[17] 张星辉,刘占军.基于动态贝叶斯网络的设备故障预测方法研究[J].科技广场,2010,5:30-32.

[18] Zhang S, Ganesan R. Multivariable trend analysis using neural networks for intelligent diagnostics of rotating machinery[J]. Transactions of the ASME, Journal of Engineering for Gas Turbines and Power, 1997,119(2): 378-384.

[19] 吕永乐, 郎荣玲, 路辉, 等. 航空发动机性能参数联合 RBFPN 和 FAR 预测[J]. 北京航空航天大学学报,2010,36(2):131-135.

[20] Qiu H, Liao H T, Lee J. Degradation assessment for machinery prognostics using hidden Markov models – Proceedings of the ASME International Design Engineering Technical Conferences and Computers and Information in Engineering Conference [C]. California: IEEE, 2005:531-537.

[21] Skormin V A,Popyack L J,Gorodetski V I,et al. Applications of cluster analysis in diagnostics-related problems – Proceedings of the 1999 IEEE Aerospace Conference[C].Aspen,CO, USA: IEEE,1999:161-168.

[22] Goebe K,Bhaskar S,Abhinav S. A comparison of three data – driven techniques for prognostics[C]. Virginia Beach,VA,USA:62nd Meeting of the Society For Machinery Failure Prevention Technology (MFPT),2008:191-131.

[23] 孙立国,孙健国,张海波,等.基于支持向量回归机的发动机/直升机扭矩超前控制[J]. 航空动力学报,2011,26(3):680-686.

[24] Rongling Lang. Fault Diagnosis of Airborne Equipments Based on Similarity Search[J]. Chinese Journal of Electronics, 2013,22(4):855-860.

[25] Rongling Lang. Data-driven Fault Diagnosis Method for Analog Circuits Based on Robust Competitive Agglomeration[J]. Journal of Systems Engineering and Electronics,2013,22(4): 706-712.

[26] Rongling Lang. A knowledge acquisition method for fault diagnosis of airborne equipments based on support vector regression machine[J]. Chinese Journal of Electronics,2013,22(2): 277-282.

[27] Cortes C, Vapnik C. Support vector networks[J]. Machine Learning, 1995, 20: 273-297.

[28] Osuna E, Freund R, Girosi F. An improved training algorithm for support vector machines – Neutral Networks for Signal Processing VII – Proceedings of 1997 IEEE Workshop[C]. Amelia Island, FL : IEEE, 1997: 276-285.

188

[29] Joachims T. Making large-scale SVM learning practical-Advances in Kernel Methods-Support Vector Learning[C]. Massachusetts,USA: MIT press,1999: 169 – 184.

[30] John C P. Fast training of support vector machines using sequential minimal optimization-Advances in kernel Methods-Support vector learning[C]. Massachusetts,USA: Cambridge,MA, MIT Press,1999:185 – 208.

[31] Keerthi S S,Shevade S K,Bhattacharyya C,et al. Algorithm Mechanical for SVM classifier designs[R]. Singapore:National University of Singapore,1999.

[32] Joachims T. Making large-scale SVM learning practical – Research Report of the Unit No. Ⅷ (AI)[R]. Dortrnund:University of Dortmund,1 – 13.

[33] Chih-Wei Hsu,Chih – Jen Lin. A simple decomposition method for support vector machines [J]. Machine Learning,2002,46:291 – 314.

[34] Chih-Chung Chang,Chih – Jen Lin. LIBSVM: a library for support vector machines[EB/OL]. (2003 – 11 – 13)[2015 – 11]. http://www. csie. ntu. edu. tw/~cjlin/libsvm/index. html.

[35] 杜京义,侯媛彬. 基于遗传算法的支持向量回归机参数选取[J]. 系统工程与电子技术, 2006,28(9):1430 – 1433.

[36] Chu W, Keerth I S,Ong C J. Bayesian support vector regression using a unified loss function [J]. IEEE Trans. On Neural Networks, 2004,15(1): 29 – 44.

[37] Lendasse A, Simon G, Wertz V. Fast bootstrap methodology for regression model selection [J]. Neurocomputing, 2005(64): 161 – 181.

[38] Kobayashi K, Komaki F. Information criteria for support vector machines[J]. IEEE Trans. on Neural Networks,2006,17(3): 571 – 577.

[39] 常群, 王晓龙. 通过全局核降低高斯核的局部风险与基于遗传算法的两阶段模型选择 [J]. 计算机研究与发展, 2007,44(3): 439 – 444.

[40] Kohavi, Ron. A study of cross-validation and bootstrap for accuracy estimation and model selection[C]//Anon. Proceedings of the Fourteenth International Joint Conference on Artificial Intelligence. San Mateo,California,USA:Morgan Kaufmann,1995, 2 (12): 1137 – 1143.

[41] UCI. Center for Machine Learning and Intelligent Systems[EB/OL]. (2007)[2015 – 11]. http://archive. ics. uci. edu/ml/datasets. html.

[42] Vapnik V. Statistical Learning Theory[M]. Holmdel, New Jersey,USA: Wiley, 1998.

[43] 周琦凤. 基于支持向量机的若干分类问题研究[D]. 厦门:厦门大学,2007.

[44] Dietterich T G, Bakiri G. Solving multiclass learning problems via error-correcting output codes[J]. Journal of Artificial Intelligence Research,1995,2:263 – 286.

[45] Dietterich T G, Bakiri G. Error-correcting output codes: A general method for improving multiclass inductive learning programs-Proceedings of AAAI – 91 [C]. Massachusetts, USA: AAAI Press/MIT Press, 1991:572 – 577.

[46] Erin L. Allwein, Robert E. Schapire, Yoram Singer. Reducing multiclass to binary: A unif-

ying approach for margin classifiers[J]. Journal of Machine Learning Research, 2000,1: 113 – 141.

[47] 黄平. 最优化理论与方法[M]. 北京:清华大学出版社,2009.

[48] 邓乃扬,田英杰. 数据挖掘挖掘中的新方法——支持向量机[M]. 北京:科学出版社, 2004.

[49] Hichem Frigui,Raghu Krishnapuram. A robust competitive clustering algorithm with application in computer vision[J]. IEEE transactions on pattern analysis and machine intelligence, 1999,21(5):450 – 465.

[50] Rongling Lang, Xiaole Deng, Gaofei. The heuristic algorithms for selecting the parameters of support vector machine for classification [J], Chinese Journal of Electronics, 21 (3): 485 – 489.

[51] Vladimir Cherkassky, Yunqian Ma. Practical Selection of SVM Parameters and Noise Estimation for SVM Regression[J]. Neural Networks,2004,17(1):113 – 126.

[52] Jeng J T, Chuang C C, Su S F. Support vector interval regression networks for interval regression analysis[J]. FuzzySet Syst. ,2003,138(2):283 – 300.

[53] Jin – Tsong Jeng. Hybrid approach of selecting hyperparameters of support vector machine for regression[J]. IEEE transactions on systems, man, and cybernetics—part b: cybernetics, 2006,36(3):699 – 709.

[54] Wu Bing,Zhang Wen-Qiong,Hu Zhi-Wei,et al. Genetic complex multiple kernel for relevance vector regression – 2010 2nd Advanced Computer Control (ICACC) International Conference [C]. Beijing:Advanced Computer Control (ICACC) International Conference, 2010:217 – 221.

[55] Miguel Sousa Lobo,Lieven Vandenberghe,Stephen Boyd,et al. Applications of second – order cone programming[J]. Linear Algebra And Its Applications, 1998(284): 193 – 228.

[56] 许喆平,郎荣玲,邓小乐. 飞机性能参数预测的不确定性处理[J]. 航空学报,33(6): 1100 – 1107,2012.

[57] 黄永芳. 飞机状态监控系统的数据处理与应用技术[D]. 南京:南京航空航天大学, 2002:5 – 9.

[58] Roy A. Secure aircraft communications addressing and reporting system(ACARS) [C]. [S. L.]:DASC the 20th Conference. IEEE, 2001:7. A.2/1 – 7. A.2/11.

[59] 张晓瑜、李艳, 董健康. 甚高频空地数据链通信协议架构及转换流程[J]. 中国民航大学学报, 2007, 25(S1):27 – 29.

[60] 李其汉, 张津. 航空发动机状态监视与故障诊断[D] ,北京:. 北京航空航天大学, 1991:15 – 30.

[61] McDade T M. Advances in flight data acquisition and management systems[C]//Advances in flight data acquisition and management systems – 17th DASC Proceedings. Bellevue, WA: IEEE, 1998:F12/1 – F12/8.

190

[62] 孙同江. 飞行数据的应用研究[D]. 南京: 南京航空航天大学, 2007: 7-12.

[63] 张宝诚. 航空发动机试验和测试技术[M]. 北京: 北京航空航天大学出版社, 2005: 470-471, 657-701.

[64] 付尧明. 民用涡轮风扇发动机在使用和维护中的 EGT 裕度管理[J]. 航空维修与工程, 2005(1): 44-45.

[65] 贺尔铭, 宋力涛. EGT 影响因素分析及提高 EGT 裕度的措施[J]. 航空维修与工程, 1999(6): 20-21.

[66] 陶弢. V2500 发动机状态监控浅议[G]. [出版地不详]: 机务部发动机机队管理中心, 2007: 1-8.

[67] 孔瑞莲. 航空发动机可靠性工程[M]. 北京: 航空工业出版社, 1995: 530-531.

[68] 陈果. 航空器检测与故障诊断技术导论[M]. 北京: 中国民航出版社, 2007.

[69] 付尧明. 民用涡轮风扇发动机在使用和维护中的 EGT 裕度管理[J]. 航空维修与工程, 2005(1): 44-45.

[70] 周伽. 非经典数学方法在非线性时间序列预测中的应用研究[D]. 南京: 南京航空航天大学, 2006.

191

内 容 简 介

支持向量机在数据挖掘领域性能优越,将该项技术应用于飞机的故障诊断领域,对于提高诊断的效率和精度具有非常重要的意义。本书将支持向量机技术应用于飞行数据驱动的飞机故障诊断技术领域,不仅系统地解决了支持向量机的参数选取、训练、不确定性处理等相关技术问题,而且详细介绍了如何利用飞行数据进行故障诊断和故障预测,并且利用航电和发动机的数据对其应用效果进行了验证。

本书适合于飞机故障诊断领域的研究生、教师、科研人员和工作者使用。

Support vector machine (SVM) is the state of the art in the field of data mining. It is important for improving the precision and efficiency of the fault diagnosis of airplane, if SVM is used in this field. The technique of SVM being used in data-diven fault diagnosis of airplane is studied in this book. The technical problems of choosing the parameters, training SVM, managing the uncertainty, and the technique of data-diven fault diagnosis based on SVM are introduced in detail. The effectiveness of SVM in practical use is demonstrated by the data of avionics system and aero-engine.

It is the right book for the postgraduate students, teachers and research specialist staff in the field of fault diagnosis of airplane.